デザイナー、
エンジニアのための

UX・画面
インタフェース
デザイン入門

山岡俊樹［編著］ 前川正実／平田一郎／安井鯨太［著］

日刊工業新聞社

まえがき

　以前からシステム設計方法が、様々なデザインや製品開発だけでなく、イベントの計画や更には身近の様々な計画、例えば、家族旅行、住居の選択などにも有効であると思っていた。以上の事柄は、表面上異なるが、その根本では「計画」→「実行」→「評価」の流れの下で行われるのが分かる。これは企業で行われているビジネス活動の流れ（Plan → Do → See）でもある。

　ところが様々なシステム設計の文献を読んでも採用できるプロセスはなかった。例えば、モノを作る際、一番重要なコンセプトについて、ほとんどが書かれておらず、要求事項がコンセプトの代わりをしているようであった。特定の顧客からシステム構築を依頼されれば、その要求事項がある意味ではコンセプトになる。しかし、不特定多数の顧客を相手にするシステムの場合、提供するシステムのコンセプトを明確にしなくてはいけない。例えば、家電や自動車メーカーは、様々な方法で顧客の要求事項を抽出するが、それが全てではなく、その要求事項の一部を選択し、メーカーの方針も加味して、コンセプトを作るのが普通である。顧客の要求事項が全てではない。そこで著者（山岡）が提唱した製品デザイン、製品開発用に開発したヒューマンデザインテクノロジー（Human Design Technology）をベースに、共著者（前川、平田）とともに議論を通じて、汎用のシステムデザインプロセスを構築した。本書のデザイン方法はこのプロセスがベースになっている。

　ここ10年、様々なデザイン手法や製品開発方法が紹介されているが、その都度それらを慌てて勉強する必要はなく、この汎用システムデザインをマスターしておけば様々なデザインにも対応できる。例えば、製品デザイン、情報デザインとサービスデザインを表面的に見ると全く相違しているが、本質は同じである。相違点はデザインするときのパラメータ、つまりデザイン構築項目が違うのである。

まえがき

　製品デザインならば、材料、製造方法などを知らなければデザインできない。情報デザインならば、扱う情報の構造や人間の情報処理過程など知識が必要である。サービスデザインならば、顧客とサービス提供者のやり取り、全体のシステムを把握できないとデザインできない。

　これらの基本的知識は全てではないが、1章で紹介してある。このような相違はあるが、それらの造形のまとめ方、見方、可視化方法は基本的に同じである（この点については、拙著、論理的思考によるデザイン、BNN新社を参照頂きたい）。

　本書で提案する方法はフレームワークが決まっており、それに従ってデザインするので、デザインする人の属性に関係なく常にあるレベル以上のアウトプットが得られる方法だと考えている。また、デザイン検討条件を絞り込んでいくので、効率的である。最初から枠組みを決めないで、アイデアを発散させる方法は、意外性のあるアイデアを出せる可能性がある。そもそも意外性のあるアイデアを抽出するのが目的ならば、この方法では最初からそれに対応した枠組み（構造化コンセプト）を作りアイデアを出すので、効率的で、ロスワークにならない。

　様々なデザイン手法が提案されている中、幅広く誰でもある程度のデザインアウトプットを出せる情報・UXデザインの方法を取りまとめることとなった。

　共著者の前川さんと平田さんは、当研究室にて情報デザイン分野で博士号を取得したデザイナー、研究者である。安井君は当研究室修士2年生で、デザインと認知人間工学が専門分野で、学部4年生を飛ばして修士に入学した学生である。前川さんは主に要求事項抽出、平田さんは構造化コンセプト・可視化を中心に執筆いただいた。安井君はこの方法を使って2つのデザイン事例を作成してもらった。1事例のウェブ画面デザインは、実際和歌山大学のサイトで採用されたデザイン例である。学生の安井君に事例作成を頼んだのは、デザイン経験の浅い者でも、この論理的デザイン方法を使えばデザインが可能であることを示したかったためである。約2年前からいろいろ議論を重ねてきたが、折を見て様々な学会で発表を行い、コメントを頂いてきた。こうした流れの中で、今年6月に開催された人類働態学会全国大会と日本デザイン学会全国大会で、

平田さんがそれぞれ GUI パーツの活用、システムデザインプロセスを活用した事例発表で優秀発表賞を頂いた。本書で紹介するデザイン方法が認められたと認識している。

　最後に本書の出版に際して、快く引き受けていただき支援していただいた日刊工業新聞社の辻總一郎さんに厚くお礼を述べたい。

2013 年 7 月

山　岡　俊　樹

本書で使う用語の定義

・UX（User Experience）デザイン

　ユーザーによい体験（experience）を提供するためのデザインである。元々デザイン作業において、ユーザーの体験（UX）を考慮してデザインしてきた歴史があるが、特段それに焦点を当ててきたわけではない。サービス社会になり、モノづくりなどにおいて、よりユーザーの体験が重要視されることになり、UXデザインという新しいデザイン分野が注目されている。UXデザインは、感覚的な要素およびユーザビリティ（使いやすさ）の要素を包含している。

・情報デザインとユーザインタフェースデザイン

　情報デザインは情報をユーザーに効率よく、的確に伝えるためのデザインである。本書では、その範囲が広いので、主に埋め込み系のシステム、製品を対象にした情報デザインについて書かれてある。しかし、それ以外の分野でも十分活用できる。例えば、ウェブデザインなどは当然として、製品の操作部やサインなども1枚の操作画面と考えて、情報デザインを行うことができる。UXデザインは情報デザインの中に位置付けられ、情報を媒介にして、ユーザーによい体験を提供するという役割を持つ。

　一方、ユーザインタフェースデザインは、人間と機械とのやり取り（インタラクション）のデザインである。インタフェースの前にユーザーという名詞が付いているので、人間（ユーザー）側の視点にウェイトを置いたインタフェースデザインとも言える。情報デザインは情報を発するところ（例えば、操作画面）に焦点を当てているが、インタラクションも検討するので、ユーザーインタフェースデザインとそれほど差があるわけではない。

・アクティビティとタスク

　人間工学では、仕事（Job）を分解したのがタスク（Task）と定義されている。本書では、人間の活動に焦点を絞り、システムの目的を達成させるのがアクティビティ（Activity）であり、それを分解したものをタスクと定義する。タ

スクを更に細分化したのが、サブタスク（Sub-Task）、アクション（Action）である。

- **汎用システムデザイン**
（1）汎用システムデザインの概要
　山岡が提唱しているデザイン、製品開発方法であるヒューマンデザインテクノロジー（Human Design Technology）をベースに一般的なシステムデザインの方法の一部を付加し、汎用性を高めたデザイン方法である。製品開発や各種デザイン開発に使えるようになっている。デザイン対象は特殊な例を除いて限定していない。このプロセスは、大まかに言えば、(1) システムの概要、(2) システムの詳細、(3) 可視化、(4) 評価の4つのステップから構成されている。システムの概要は目的・目標、システム計画から成り立つ。システムの詳細は、市場でのポジショニング、ユーザー要求事項の抽出、システムとユーザーの明確化、デザインコンセプト構築に細分化される。

　このプロセスは、最初にシステムの概要を決めること、つまり方向性を決めることである。何事もそうであるが、方向が定まった後、詳細の検討に入るのが効率的で、合理性がある。このシステムの方向性を受けて、システムの詳細でどのようなシステムにするのか、構造化コンセプトを作り、次のステップである可視化につなげる。具現化されたシステムは、その有効性の妥当性と検証を受けて、問題なければ、フォロー業務（デザインの実現のため、技術、生産、販売など業務でサポートすること）を除いて、デザイン作業は完了する。

（2）汎用システムデザインに基づいた情報デザイン方法
　本書では、基本的に汎用システムデザインの方法に基づいて、情報デザインをする方法が述べられている。この場合、操作画面がデザイン対象の中心となるが、デザイン対象を問わない。特に、製品の操作部やサインのデザインも1枚の操作画面あるいは情報提示画面と考えればデザイン可能である。

目　　次

まえがき
本書で使う用語の定義

1章　情報デザインのための予備知識

1.1　見えるための4原則とデザインに役立つゲシュタルト法則 …… *2*
1.2　HMIの5側面 …… *4*
1.3　情報デザインのポイント …… *8*
1.4　可視化の3原則 …… *10*
1.5　画面インタフェースデザインの6原則 …… *12*
1.6　メンタルモデル …… *14*
1.7　ウェブサイトデザインの注意点 …… *16*
1.8　スマートフォンやタブレット端末向けのデザインの注意点 …… *18*
1.9　デザインにおけるいくつかの考え方 …… *20*
1.10　サービスにおけるやり取りの3側面 …… *22*
1.11　UX生成の構造 …… *24*
1.12　タスクに関する基本知識 …… *26*
1.13　モードレスとモーダル …… *28*
1.14　ヒューマンエラー …… *30*

2章　汎用システムデザインプロセス

2.1　既存のデザインプロセス …… *36*
2.2　汎用システムデザイン …… *38*

2.3	汎用システムデザインの活用方法	42
2.4	汎用システムデザインのプロセスと各章の関係	45

3章　システムの概要

3.1	目的、目標について	50
3.2	システム計画とは	53

4章　システムの詳細

4.1	(1)	市場におけるポジショニングとは	58
	(2)	コレスポンデンス分析	61
	(3)	コンテンツマトリックスについて	64
4.2-A	(1)	要求事項とは	66
	(2)	要求事項を抽出する方法	68
4.2-B	(1)	観　察	70
	(2)	観察の準備と実践	72
	(3)	ユーザーの価値感の把握	74
4.2-C	(1)	要求事項抽出方法の選び方	76
	(2)	3ポイントタスク分析	78
	(3)	5ポイントタスク分析	80
	(4)	プロセス状況テーブル（ProST）を用いたタスク分析①	82
	(5)	プロセス状況テーブル（ProST）を用いたタスク分析②	84
	(6)	問題定義と分析	86
	(7)	評価グリッド法	88
4.3	(1)	システムとユーザーの明確化	90
	(2)	システムの明確化①	92
	(3)	システムの明確化②	94
	(4)	ユーザーの明確化	96

4.4 (1) 構造化デザインコンセプトとは ……………………………… *98*
　　(2) 構造化デザインコンセプトの作り方（トップダウン式）……… *100*
　　(3) 構造化デザインコンセプトの作り方（ボトムアップ式）……… *102*
　　(4) 上位項目、中位項目、下位項目の位置付け ……………… *106*

5章　可視化

5.1 (1) 可視化について① ……………………………………… *112*
　　(2) 可視化について② ……………………………………… *114*
5.2 (1) 画面構成（レイアウト）の検討① …………………………… *116*
　　(2) 画面構成（レイアウト）の検討② …………………………… *118*
5.3 　 操作機能 …………………………………………………… *120*
5.4 　 情報提示・誘導の検討 …………………………………… *122*
5.5 　 アイコン …………………………………………………… *124*
5.6 (1) GUI パーツの作成① ……………………………………… *126*
　　(2) GUI パーツの作成② ……………………………………… *128*
5.7 (1) 操作フロー（手順）の検討 ………………………………… *130*
　　(2) タスク構造 ……………………………………………… *132*
　　(3) 画面遷移図の作成 ……………………………………… *134*
5.8 (1) プロトタイプの作成 ……………………………………… *136*
　　(2) ペーパープロトタイピング …………………………… *138*
　　(3) シミュレーションについて（モーションプロトタイプ）………… *140*

6章　評　価

6.1 　 評価とは（V & V 評価） ………………………………… *144*
6.2 　 GUI チェックリスト ……………………………………… *146*
6.3 　 プロトコル解析とパフォーマンス評価 ……………………… *150*
6.4 　 SUM ……………………………………………………… *152*

6.5　ユーザビリティタスク分析 ………………………………………………… *156*

7章　事例紹介

7.1　ウェブサイトデザイン事例 ……………………………………………… *160*
7.2　組み込み系情報デザイン事例 …………………………………………… *167*

付　録 …………………………………………………………………… *175*

索　引 ……………………………………………………………………… *212*

1章
情報デザインのための予備知識

　本章では、UX（ユーザーエクスペリエンス）・情報デザインを行う上で、知っておきたいデザインや人間工学系などの情報を説明する。このような知識に基づいて、UX・情報デザインを行う必要がある。

1.1 見えるための4原則とデザインに役立つゲシュタルト法則

(1) 見えるための条件を考える

1.視角、2.明るさ、3.対比、4.露出時間の4項目[1]（図1.1.1）である。

（1）視角

見る対象物の大きさと視距離（見るための距離）から決まる視角で、見るためにはある程度以上の視角が必要である。目安であるが、文字の高さは視距離の1/200を利用する[2]。

（2）明るさ

対象物には、見るための明るさが必要である。

（3）対比（コントラスト）

対象物とその背景との明るさの比で、見るためには最適な比が必要である。

（4）露出時間

新幹線から駅名の読み取りが困難なように、見るために必要な時間である。

(2) デザインに役立つ図と地、ゲシュタルトの法則の観点から検討する

（1）図と地[3]

図は形を持ち、地は形を持たずその背景として見え、図は地の上に置かれているように知覚される（図1.1.2）。図と地の間の対比は必要である。

（2）デザインに必要な3つのゲシュタルト法則[4]（図1.1.3）

ゲシュタルト法則の内、ここではデザインに役立つ3つを紹介する。

①近接の要因

近い距離にある形状同士はまとまって見える現象をいう。図1.1.3（a）に示す3つの正方形は1つのグループとして知覚される。

②類同の要因

類似している形状同士はまとまって見える現象をいう。図1.1.3（b）では、黒と白の3つの正方形はそれぞれまとまって見える。

③閉合の要因

線によって閉じた、あるいは閉じようとする領域はまとまって見える現象をいう。図1.1.3 (c) では、線が閉じて正方形のように見える。

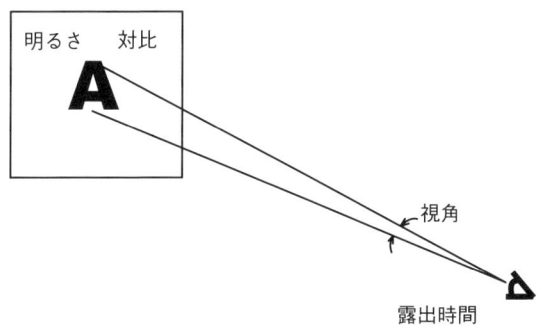

図1.1.1　見えるための4原則

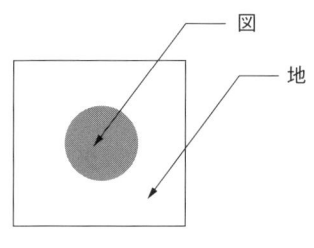

図1.1.2　図と地

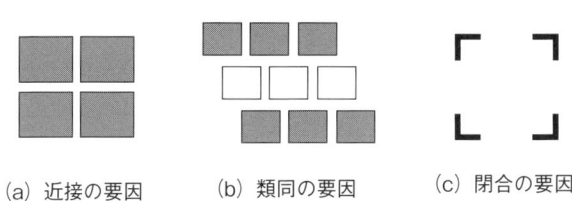

図1.1.3　3つのゲシュタルト法則

1章　情報デザインのための予備知識

1.2　HMIの5側面

　人間と機械（システム）との適合性を考える際に、HMI（Human Machine Interface）の5側面[5]（図1.2.1（a）（b））を考える。①身体的側面、②頭脳的（情報的）側面、③時間的側面、④環境的側面、⑤運用的側面の5側面である。この5側面を具体化するのがデザインでもある。以下詳説する。

(1) 身体的側面
　人とシステムとの身体面での適合性である。さらに、以下の3側面が構成されている。
　①位置関係（高さ、奥行き、傾斜）―最適な姿勢の確保（図1.2.2）
　ユーザーが自然な姿勢で作業や操作ができるか、機械の操作部などの最適な位置関係（高さ、奥行き、傾斜）を検討する。
　②力学的側面（操作方向と操作力）
　ツマミ、ボタンとかハンドルなどの操作具を操作するには、最適な力と方向が必要である。
　③接触面（操作具とのフィット性）
　操作具を操作する際、操作具と手（あるいは足）とのフィット性を良くする。それには手との接触が良く、滑らないことが大切である。リモコンのボタンの上面は、滑らない材質で、フラットか凹面となって、操作性を良くしている。

(2) 頭脳的（情報的）側面
　人間とシステムとの情報のやり取りでの適合性である。提示情報の内容とその表示が重要である。以下に3項目を示す。
　①ユーザーのメンタルモデル（図1.2.3）
　ユーザーのシステムに対する操作イメージをここではメンタルモデルと定義する。ユーザーは通常、製品に対して、こう使えば操作ができるといったイメージ（メンタルモデル）を持っている。デザイナーは、ユーザーのメンタルモ

4

デルを考慮してデザインする必要がある。あるいは、新製品の場合、操作しながらユーザーに適切なメンタルモデルができるように配慮することが大事である。

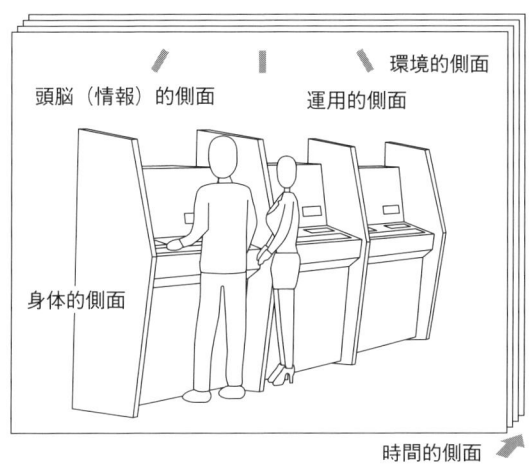

図 1.2.1（a）　HMI の 5 側面

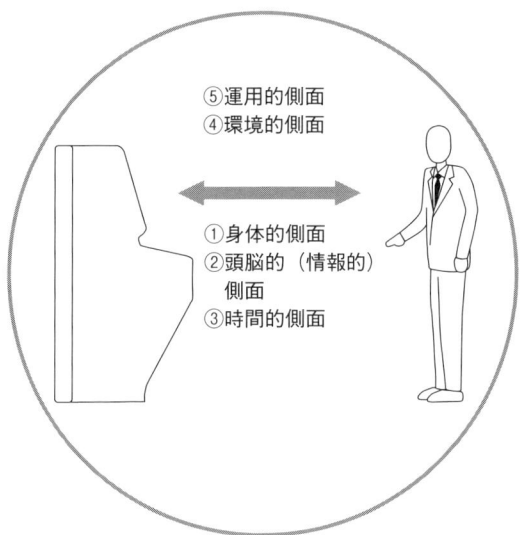

図 1.2.1（b）　HMI の 5 側面

②分かりやすさ

分かりやすさに影響を与える要素は多いが、ここでは用語に焦点を当てている。情報提示をする場合、ユーザーに対し、多義性のある言葉、二重否定の表現やなじみのない専門用語を使わないのがポイントである。

③見やすさ

見やすさは、(a) 視角、(b) 明るさ、(c) 対比、(d) 露出時間の4項目[3]からチェックを行う。視角とはモノを見るときに必要な角度である。露出時間：高速で走行中の新幹線から駅名を見るのが難しいように、見るために必要な時間である。

(3) 時間的側面

作業・操作時間などの時間面での適合性である。以下の3項目を検討する。

①作業時間、②休息時間

長時間の作業は疲労を生じさせるので、適切な作業時間と休息が必要である。

③反応時間

ユーザーの入力に対するシステムからの反応時間である。長いとユーザーにストレスを与える。

(4) 環境的側面

暗い、暑い、騒音があるなどの環境下では、HMIの適合性は悪くなる。以下の3側面を検討する。

①温度、湿度、気流など、②照明、③騒音、振動、臭気など

(5) 運用的側面

HMIを効率よく問題なく運用するための側面である。システムが複雑になり、またサービスの重要性が認識され、この運用的側面は非常に重要な側面となっている。下記の3項目からチェックを行う。

①方針の明確化

システムを運用する組織の方針が明確になっていることが重要である。この

方針が明確でないとメンバーは勝手に行動・判断を行う可能性が高い。

②情報の共有化

組織のメンバー間、あるいは組織間での情報の共有化が大事である。共有化により、適切な判断が可能となる。小さい事故、問題点でも共有化により、それらの事象のウエイトは分かり対策を打つことができる。

③モチベーション

メンバーの高いモチベーションが必要である。高いモチベーションにより自発的行為が醸成される。

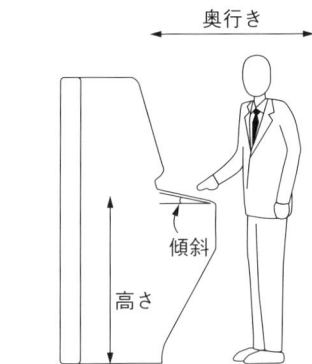

身体的側面、位置関係（最適な姿勢の確保）

図1.2.2　身体的側面

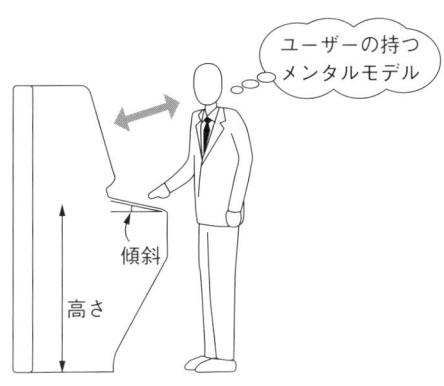

図1.2.3　メンタルモデル

1.3 情報デザインのポイント

　アクティビティを達成させるために我々は様々な行動を行う。アクティビティはタスク（task）により構成されている。さらにタスクはサブタスクに分割され、サブタスクは一つ一つの動作、つまりアクションより構成されている。通常、タスクレベルで分析をするが、情報の場合も同様である。ただ、タスクに分割するレベルは、分析したい、あるいは調査したい程度に基づいて決めればよい。

　情報をデザインするポイントは、①情報を分類して、②分類した情報の中でどれが重要か優先順位を決めて、③それらの情報をどのように提示していくのか提示順番を決めることである。

(1) 情報の分類（図1.3.1）

　文章で主語、述語などと分けて理解しているように、我々は通常、情報を分類することにより理解している。情報を分類する際、扱う情報の外延と内包により分類する。外延とは、概念における適用される対象の集合であり、内包は成員である対象の全部に共通な性質である[6]。例えば、「住宅」の場合、外延は平屋、木造2階建て、鉄筋3階建ての集合住宅などが考えられ、内包は人が住むところとなり、倉庫や物置は除外となる。

(2) 情報の優先順位（図1.3.1）

　情報のウエイト付けをすることである。このウエイト付けをすることにより、情報を効率よく伝えることができる。重要な情報はコントラストを付け、中央に配置することにより、ユーザーは最初に重要な情報に目が移り、効率よく情報を入手できる。情報の優先順位は画面インタフェースのコンセプトにより定まるので、コンセプトを明確にしなくはいけない。

(3) 情報の提示順序 (図1.3.1)

情報提示順序は、並列型情報提示と逐次型情報提示があるので、扱う情報の特性（初心者向きか、専門家用か）によって決める。並列型情報提示は提示情報を1つの画面にまとめて提供する方法で、主に熟達者向けである。一方、逐次型情報提示は、順番に従って提示する方法で、主に初心者向けである。例えば、鉄道の券売機の操作画面では、子供や高齢者など多様なユーザーが使うので、確実に使える逐次型情報提示となっている。

(1) 情報の分類

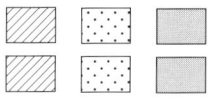

(2) 情報の優先順位

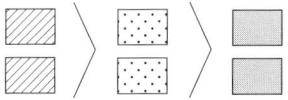

(3) 情報の提示順序

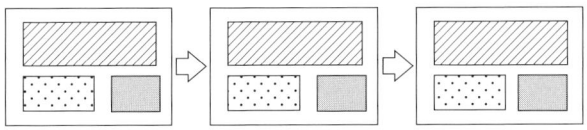

図1.3.1 情報デザインのポイント

1.4 可視化の3原則

　可視化の3原則[7]とは情報を容易に可視化する原則である。基本的な考え方は、簡潔な形状、レイアウトにして（簡潔性）、重要な情報は強調し（強調）、取り決めは守る（一貫性）ということである。

(1) 強調

　重要な情報を強調することにより、ユーザーは情報の入手が容易となる。また、デザイン的には、アクセント効果を持たせることができ、デザインの単調さを救い、魅力的な画面にすることができる。重要な情報は、画面の中心に配置し、大きな面積にして、高コントラストにする。一番目につきやすい位置は画面の中央、瞬時に情報を知覚できるのは右真横、上部である。強調するには、文字を太くする、文字色を変える、パーツの色や形状を変える、特定の領域を強調するには、枠線で囲うか色や網点でベタ面にする。

(2) 簡潔性

機能ごとに分類し、その関係や流れが分かるように、シンプルにレイアウトするのがポイントである。画面上にグリッドを作り、ボタンなどのGUIパーツはグリッドの線に合わせて、シンプルなレイアウトにする。レイアウトだけでなく、パーツや色彩なども簡潔性の観点から検討する。絶対ではないが、パーツの形状は標準化させ、色彩も同系色でまとめるなどの配慮を行う。

(3) 一貫性

　一貫性とはデザインやインタフェースに関する決定事項を守ることである。これにより文脈（context）が生じ、文脈によりユーザーは情報を容易に予測、把握することができるようになる。例えば、次のタスクに遷移する際、必ず確認のボタンを押すという一貫性がある場合、ユーザーは確認が行われた後、次のタスクに移るという文脈が生じる。しかし、往々にして、この一貫性を無視

して、確認のプロセスがなく自動的に次のタスクに移ってしまうということがある。このような場合、ユーザーは不安となり、操作に対して疑心暗鬼となる。一貫性には、提示情報構造の一貫性、画面レイアウトの一貫性、操作方法の一貫性、画面要素の形状や色彩の一貫性、用語の一貫性などがある。

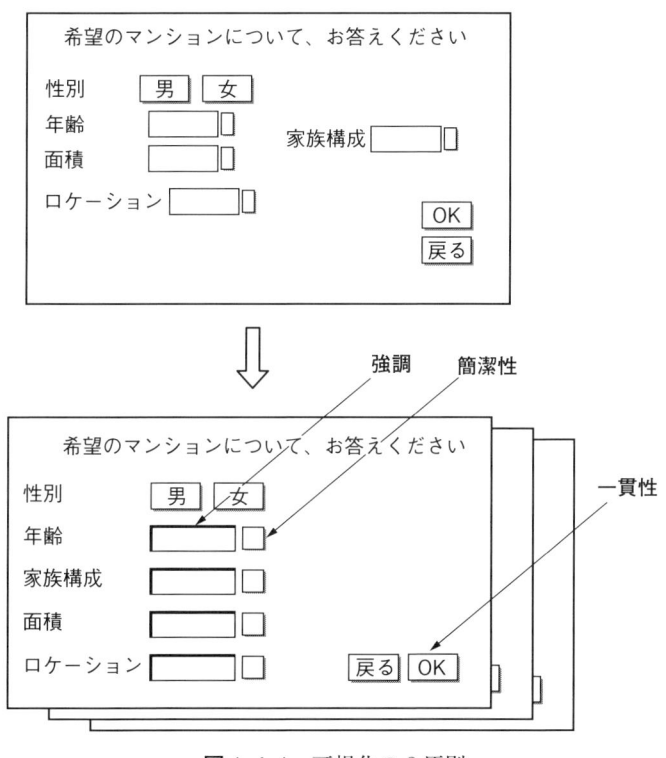

図1.4.1　可視化の3原則

1.5 画面インタフェースデザインの6原則

　画面インタフェースデザインの6原則[8]のポイントは情報のナビゲーションである。つまり、ユーザーをいかにうまく次の情報へ誘導することである。

（1）手掛かり

　ユーザーが操作をするときに必要なガイドとなる情報である。例えば、操作の流れを示したい場合、番号や矢印で表す。

（2）マッピング

　指示部と操作部などの例のように、情報間の対応付けすることである。例えば、ボタンやスイッチの近くにその名称を配置し、その関係がすぐに分かるようにする。

（3）用語

　想定ユーザーが理解できるように、簡潔で、多義性のない用語を使う。冗長な表現は避け、分かりやすい用語を使う。二重否定を避ける。

（4）一貫性

　一貫性の観点から、決定した情報提示構造、提示情報、レイアウトや操作方法は、すべて統一し、例外を設けない。

（5）動作原理

　機器の作動する原理をユーザーに知らせて操作の理解を促進させることである。メンタルモデルと似ているが、動作原理の方は機器の機能に焦点を絞っている。動作原理によりユーザーは機械の仕組みの概要を理解できると、操作の意味を容易に理解できるようになる。例えば、機器の構造の概要を分かりやすくイラストで表示する。

（6）フィードバック

　ユーザーの入力に対する機械側の反応（光、音など）をいう。例えば、スイッチを押すと光る、スイッチを押すとブザー音が鳴る、などがある。

　ユーザーの情報処理プロセスと上記の6原則の関係を示すと次のようになる。ユーザは手掛かりとマッピングにより必要な情報に視線が移動し、そこで使用

されている用語から操作意味を得る。次に、用語の意味を基に一貫性と動作原理を通じて、何をすべきか理解し、機械に入力する。入力データは機械に伝わり、機械からのその反応であるフィードバックを得て、操作の確認をする。

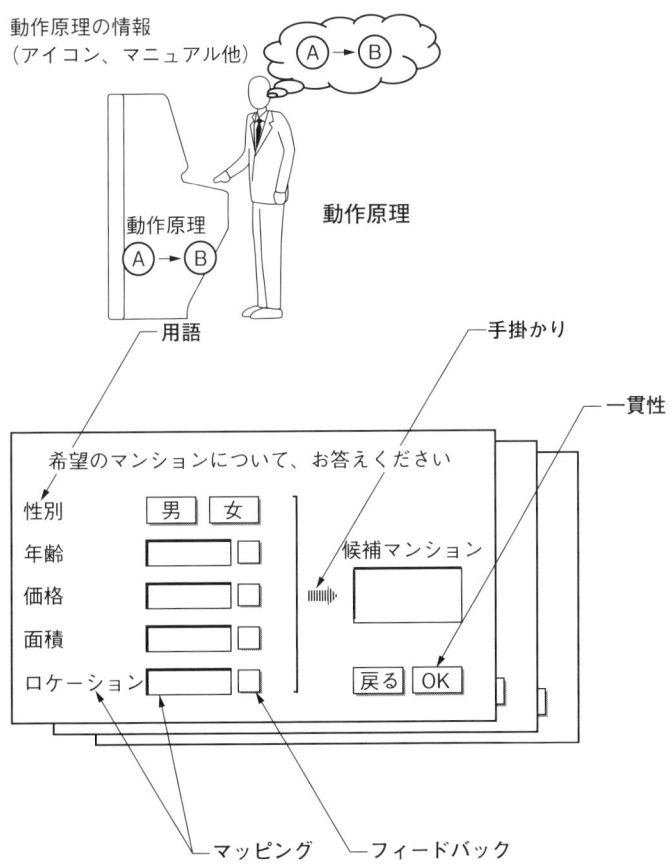

図 1.5.1　画面インタフェースデザインの 6 原則

1.6 メンタルモデル

(1) メンタルモデルとは

　メンタルモデルの定義は「あるシステムに対する操作イメージ」とする。我々がある製品に対し、こう使えば操作ができるというのが操作イメージである。このメンタルモデルがないと我々は操作が困難となる。例えば、電卓で1+2＝3という計算を行う場合、通常、我々の頭の中にあるモデルは、"1"→"＋"→"2"という操作手順を知っている。しかし、この手順と全く異なる関数電卓のある機種では、"2"→エンター→"1"→"＋"という手順を採用しており、新たに学習してこのモデルを作らなければならない。

(2) Functional Model と Structural Model [9]

　このメンタルモデルには、主にシステムをどう使うのか（操作の手続）を考える Functional Model（How to use it）とその構造や動きを示す Structural Model（How it works）がある。前者は文脈依存型である。例えば、東京の地下鉄の銀座線の上野から渋谷までの駅の順番は、Functional Model であるが、どういうルートで走り、他の路線との関係などは Structural Model ということができる。

(3) どうやってメンタルモデルを使って操作をするのか

　操作を行う場合、①操作対象物の置かれている状況や文脈の理解、②操作対象物（オブジェクト）の認識、③メンタルモデルの抽出、④③から得られた知識を基に操作をおこない、⑤操作対象物のフィードバックにより確認する、というプロセスをたどる。鉄道駅の券売機で切符を購入する場合を考える。①駅の構内の券売機で切符を購入する、②券売機を認識する、③切符を購入する手順を思い出し、手掛かりである運賃表から該当する駅までの運賃を知り、その金額に相当するどのボタンを押すのか判断し、④そのボタンを押し、お金を入れる、⑤切符が出てくる。このプロセスの1カ所でも分からないところがある

と操作ができない。

　例えば、羽田空港で飲み物の自動券売機を探したとき、その色が壁の色と同系色になっており、なかなか①のレベルで分からなかったことがあった。夜行寝台車の洗面所にある洗面器のところに設置された丸いツマミは、水を出す蛇口と思ったが、よくよく見るとその根本に赤い小さない印があり、温水設定の調節ツマミと分かった。③のレベルで何らかの手掛かりを機器に埋め込むとメンタルモデルの構築や操作が容易になる。

⑤フィードバック：水が出るのを確認する

④操作を行う：ボタンを押して水を流す
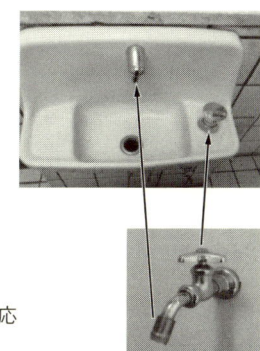

③メンタルモデルの抽出
頭の中にある操作手順と操作の基本となる
回転式のツマミと使用する押ボタンとの対応
付けを確認する。

②オブジェクトの認識：手洗いを見る

①状況、文脈の把握：トイレで手を洗う

図 1.6.1　トイレの蛇口のメンタルモデル

1.7　ウェブサイトデザインの注意点

　情報通信技術の発達により、ウェブサイトは多様な端末で利用可能となった。それに伴い、ウェブサイトデザインは、画面サイズ、操作方法、閲覧順序の3点で注意が必要である。

(1) 画面サイズが多様である

　ウェブの閲覧端末はパソコン、タブレット端末、スマートフォンと様々であり、それぞれ画面サイズが異なる。また、タブレット端末やスマートフォンに関しては回転により画面幅が可変するため、特に注意が必要である。

　様々な画面サイズに対応するためには、画面の横幅によって伸縮可能なレイアウトである「リキッドデザイン」、画面の横幅によってレイアウトを切り換える「レスポンシブ・ウェブデザイン」などで対応が必要である（**図1.7.1**）。

(2) 操作方法が多様である

　閲覧方法は「マウス操作」と「タッチ操作」の2種類があり、それぞれを考慮する必要がある。タッチ操作については、次頁「1.8 スマートフォンやタブレット端末向けのデザインの注意点」にまとめた。

　基本的に、「タッチ操作」は「マウス操作」よりも制約が大きいが、「タッチ操作」のメリットとして「マウス操作」に比べて、スクロールのストレスが少ないことがあり、ウェブサイトの設計などにいかすことができる。

(3) 閲覧順序が多様である

　閲覧順序は、ウェブ検索やブログやSNS（ソーシャルネットワーキングサイト）による紹介によって、ウェブサイトは必ずしもトップページから閲覧されるとは限らない点に注意が必要である。そのため、次の3点を心掛ける。

①ひと目で何のウェブサイトか理解できるようにする。
②ウェブサイトの現在地が理解できるようにする。

1.7 ウェブサイトデザインの注意点

③ウェブサイトの構造が理解できるようにする。

特に、ウェブ閲覧者は目的が明確でないことも多く、ひと目で何のウェブサイトか明確にしなければ、ページから離れる原因となり得る。

▲スマートフォンでの表示　　▲パソコンやタブレット端末での表示

図1.7.1　レスポンシブ・ウェブデザインの例

1.8 スマートフォンやタブレット端末向けのデザインの注意点

スマートフォンやタブレット端末向けのウェブサイトやアプリケーションのデザインの注意点について4点述べる。

(1) 利用目的に合わせたデザインをする

スマートフォンやタブレット端末の主な利用目的は「情報の閲覧」である。パソコンと異なり、操作の自由度が低いため、高度な画像編集といった「情報の加工」といった作業には適さない。そのため、次のような対策を施す必要がある。

①ウェブサイトやアプリケーションの機能を必要最低限に絞る。
②情報の入力は、あらかじめ用意された選択肢から操作できるようにする。
③パソコンとの連携により、パソコンからでも情報の入力が行えるようにする

（例えば、カレンダーアプリなどは、連携により使いやすさが格段に向上する）。

(2) タッチ操作への対応を検討する

スマートフォンやタブレット端末ではタッチ操作が主流である（図1.8.1）。「タッチ操作」は「マウス操作」に比べて一般的に制約が多く、次の3点を心掛ける。

①タッチ可能であると理解させる
②タッチしやすい大きさ、位置にする
③タッチしなくてもよい工夫をする

(3) 画面の構造を分かりやすくする

特にスマートフォンは、画面サイズが限られているため、画面の構造が複雑になりがちである。画面間の関係が分かりやすいような工夫が必要である。ア

1.8 スマートフォンやタブレット端末向けのデザインの注意点

プリケーションの場合、初めにガイダンスを設けて、操作を学習させる工夫も考えられる。

(4) デザインガイドラインへの準拠する

ユーザーの心地よい操作の実現には、操作全体の一貫性を確保する必要がある。スマートフォンやタブレット端末には、Google社の「Android」やApple社の「iPhone/iPad」などの様々な種類があり、それぞれのプラットフォームごとに標準のデザインガイドラインが公開されている。ガイドラインへの準拠により、操作全体の一貫性が確保され、使いやすさが向上する。それぞれのガイドラインはOSのバージョンによって変更が多いため、常に確認が必要である。

図1.8.1 スマートフォンとタブレットのタッチしやすい位置 [10], [11]

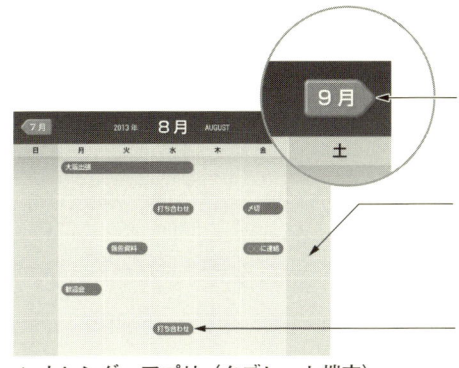

▲カレンダーアプリ(タブレット端末)

①タッチ可能であると理解させる
影をつけるとボタンらしく見える。
②タッチしやすい大きさと位置にする
日別の詳細表示が押しやすいよう
メインのカレンダー部分を
画面下部に大きく配置している。
③タッチしなくても良い工夫をする
画面遷移なしで予定を確認できる、
予定をパソコンから入力可能にする、
といった工夫でタッチが不要となる。

タッチ操作への対応についての検討例

1.9 デザインにおけるいくつかの考え方

(1) 人間中心デザイン（図1.9.1）

　人間中心デザインは、ユーザーの目的と要求事項に焦点を当てたアプローチである。ユーザーを中心にしてシステムのあり方を決定することは、技術的・経済的な都合やデザイナーの思い込みだけでシステムがデザインされるのを防ぐ。ISO9241-Part210にはこの考え方とデザインプロセスが示され[10]、インタラクティブシステムについてのデザインアプローチとして現在一般的である。

　しかし、要求事項を整理して統合するためのコンセプトの構築があまり考慮されていないことがある。個々の要求事項の充足がデザインの目的となり、システム全体としての価値を計画し構築するための検討が手薄になりやすい側面がある。こうしたいくつかの問題はあるものの、人間中心デザインはユーザーのためのデザインを行なう基本的思想とプロセスを示すと言える。

(2) アクティビティ中心デザイン（図1.9.1）

　アクティビティ中心デザインは、ユーザー自身でなくユーザーのアクティビティ（活動）とタスクに焦点を当てるアプローチである。ユーザーの置かれた状況において、そのときのタスクとアクティビティを支援するシステムを適切にデザインする[11], [12]。デザイン課題を明確にしやすいが、デザインの初期段階から既存のアクティビティとタスクのみへ着目した場合は、課題を狭めて革新を遠ざけるおそれがある。

(3) システムデザイン（図1.9.1）

　システムデザインはシステムの構成要素全体の整合性を重視するアプローチで、特に複雑な課題に対して有効である。例えば、情報システムと人的サービスを組み合わせたシステムの場合などである。近年は、新たな価値の創造を目的として様々な要素から成る複合的なシステムが多く計画され、システムデザインの重要性は高まる傾向にある。しかし、曖昧さを排除して分析し結論を導

き出す結果として、ユーザーの感情などが軽視されがちな側面もある。

　2章以降で説明する汎用システムデザインは、ヒューマンデザインテクノロジーとシステムデザインの考え方を基本に、人間中心デザインとアクティビティ中心デザインの優れた点を取り入れたデザインアプローチである。

人間中心デザイン

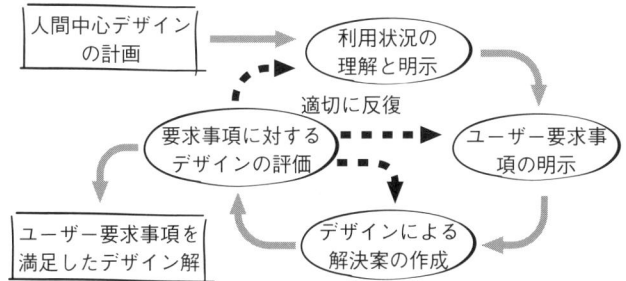

アクティビティ中心デザイン

システムデザイン

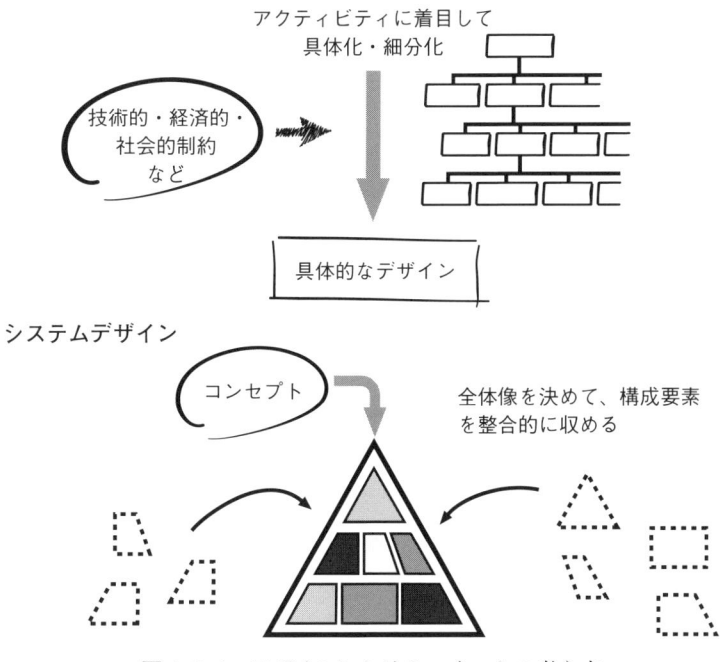

図1.9.1　デザインにおけるいくつかの考え方

1.10 サービスにおけるやり取りの3側面

　サービスの範囲は広く、捉えどころがないので、ここでは顧客とサービス提供者の円滑なやり取りをするための条件を述べる。サービス関係の情報デザインを行うとき、このやり取りを参考にしてインタフェースをデザインすればよい。

　顧客とサービス提供者とのやり取りとは、サービス提供者の視点から顧客の状況を常に把握し、問題があれば対応することである。①「気配り」を行い、顧客が困った状況下にあると判断した場合、②「適切な対応」を行い、③良い「態度」で接することである[13]。

(1) 気配り

　顧客の状況を把握することである。そのためには、お客に①「共感」し、②「配慮」しなければならない。このような気配りをするためには、サービスコンセプトの構築と教育によるサービス提供者の動機付け（やる気）が必要である。

(2) 適切な対応

　適切な対応をするためには、「柔軟」、「正確」、「安心」、「迅速（時間）」、「平等」の対応をしなければならない。

①柔軟な対応：自由裁量を任されたサービス提供者の判断による対応である。

②正確な対応：誤りのない正確な対応を行うことである。レストランで注文を取るときの復唱などが該当する。

③安心の対応：顧客は最初どのようなサービスを受けるのか不安な気持ちを持っているので、顧客の不安感を取り除くようにする。サービス提供者はサービスの関連情報を提示するとか、親しみのある態度を示すなどの対応を行う。

④迅速の対応：時間に関する対応である。サービスを提供するまでの時間が掛からないことなどで、病院での診察までの待ち時間などがこれに該当す

⑤平等の対応：どの顧客でも平等に対応するという基本的な対応である。

(3) 態度

態度とはサービス提供時のサービス提供者の意思を表情、身振り、言葉使いなどで表出したものである。①「共感」、②「信頼感」、③「寛容」な態度により、良い印象を与えることができる。その実現のためにはコミュニケーション能力が必要である。

(1) 気配り
　①共感、②配慮

(2) 適切な対応
　①柔軟、②正確、③安心、
　④迅速（時間）、⑤平等

(3) 態度
　①共感、②信頼感、③寛容

気配り（①共感、②配慮）をする

「正確」な対応をするためメモを取る

「安心」を得てもらうために試食をしてもらう

図 1.10.1　サービスの3側面

1.11 UX生成の構造

UX（User Experience）の定義は、一般的に定まっておらず、ここではユーザーの体験と定義しておく。

(1) UXの生成プロセス

人は人、システムおよび環境とのやり取りを通じて、その結果として感覚を得る。
感覚の種類は様々あるが、特にモノづくりに絡む項目は以下のとおりである[14]。

①非日常性の感覚を得る：イベントなどの日常生活ではあまり体験したことのない感覚

②獲得の感覚：購入などの何かを得たときの体験を通して得られる感覚

③タスク後に得る感覚：操作ができたときに獲得する感覚（達成感、充実など）

④利便性の感覚：便利性を感じるときに得られる感覚

⑤憧れの感覚：ブランド品などのモノや体験に対する憧れや期待の感覚

⑥五感から得る感覚：香水などにより、五感（視覚、聴覚、嗅覚、触覚、味覚）を通して得られる感覚。

得た感覚は感情を発生させる。感情にはいろいろ種類があるが、ここではUXに絞り良い感情の観点から、「喜び」、「驚き」、「興奮」の3つの感情を活用する。

(2) UXデザインプロセス

基本的には2.2節で示す汎用システムデザインをベースに考える。デザインコンセプトのところで、獲得したい感情→そのために必要な感覚をどれにするのか→その感覚を得るためにどのようなUXをデザインするのか検討する。感覚を得るためのデザインは、感覚を「目的」―「手段」の関係から分解して、デザインを決めていく。

例えば、ある地方公共団体のウェブ画面で、「喜び」を市民に提供したい場合、上記の③タスク後に得る感覚（達成感、充実感）と④利便性の感覚を獲得するようにデザインすればよい。達成感や利便性を得るようにするには、前述した画面インタフェースデザインの6原則や可視化の3原則を活用してデザインすればよい。ブランド品を販売しているお店のウェブ画面で「驚き」を演出したい場合、①非日常性の感覚、②獲得の感覚や⑤憧れの感覚を生成できるようにデザインをすればよい。例えば、非日常性の感覚→質感の異なる抽象的空間構成の画面デザインなどと決めていく。

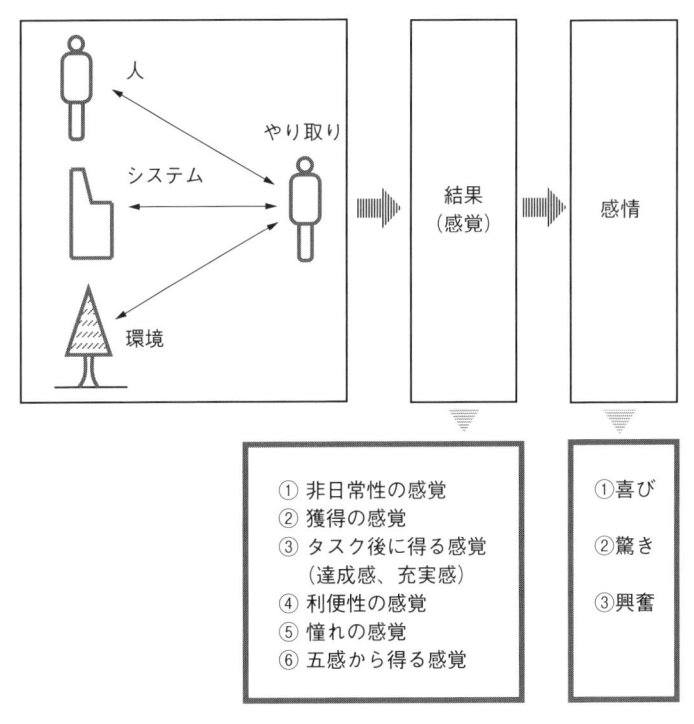

図1.11.1　UX生成の構造

1.12 タスクに関する基本知識

(1) タスクの階層構造

タスクはユーザーが目的達成のために取る行為であり、階層的な構造を持つ。例えば、ボタンを押すという個々のアクションから、椅子を買うといったアクティビティまでいくつかの異なる単位で定義できる。1つのアクティビティは複数のタスクから構成され、さらに分析すると具体的なアクションにまで細分化される。このように全体として階層的な構造を成す[15]。

(2) タスクの細分化と具体化の関連性

アクティビティの定義は、具体的な操作デバイスを特定しなくともできる。しかし個々のアクションを決めるためには、操作デバイスや技術的・経済的・社会的制約などが決まっている必要がある。例えば、必要な表示量に対して表示デバイスの物理サイズが小さいことが判明した結果、ページめくりやスクロールの機能とユーザインタフェース（UI）が必要になり、これらアクションの必要性と内容が決まるという具合である。

(3) タスクの機能的目的と非機能的目的

タスクの直接的な目的は「いすを買う」などの機能的な内容で、多くの場合これがアクティビティに相当する。しかしユーザーの目的には、例えば「良く生きる」とか「尊敬を受ける」といった非機能的なものもある。非機能的な目的はユーザのアクティビティの意味や目的を形成するため、タスクの内容やタスクを支援する事物のデザイン検討のよりどころになり得る。特にUXデザインでは、ユーザーの非機能的な目的を正しく把握することが大切である。

(4) タスク間の時間的な関係性

タスク間の時間的な関係性には次の3種類がある。コンセプト・文脈・タスクの内容・タスク実行時の状況・自然の摂理などに応じていずれかになる。こ

れに応じてシステム内の画面遷移の仕方や１つの画面に収めるタスクなどが決まることになる。

①時間的順序が決まっているタスク
②時間的順序は問わないが排他的に実行するタスク
③他のタスクと同時に実行するタスク

タスクの階層構造

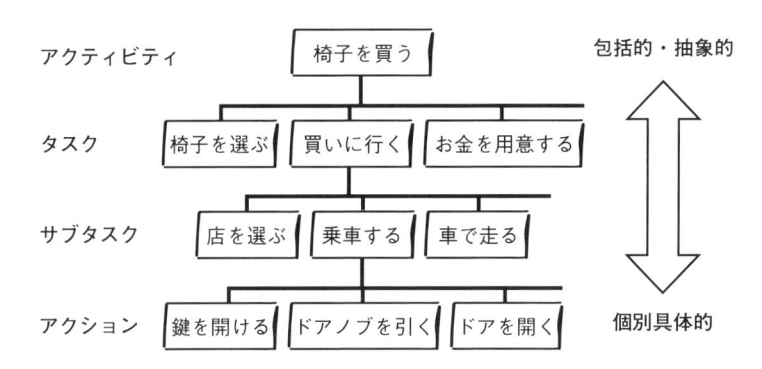

```
アクティビティ      椅子を買う                    包括的・抽象的
                     │
タスク        椅子を選ぶ  買いに行く  お金を用意する
                           │
サブタスク     店を選ぶ  乗車する  車で走る
                           │
アクション     鍵を開ける  ドアノブを引く  ドアを開く    個別具体的
```

タスクの実行順序に応じた操作画面の関係構造

1. 実行順序が決まっている

   タスク１画面 → タスク２画面 → タスク３画面

   例：銀行口座を開いてから取引を開始する

2. 実行する順序は問わないが排他的に実行する

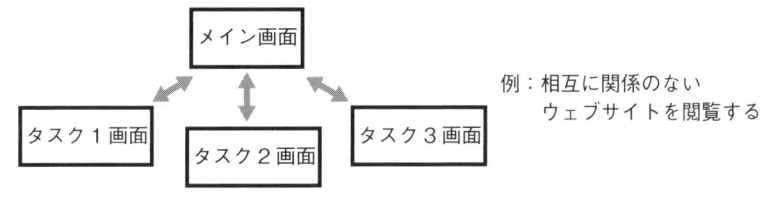

   メイン画面 ↔ タスク１画面／タスク２画面／タスク３画面

   例：相互に関係のないウェブサイトを閲覧する

3. 他のタスクと同時に実行可能

   メイン画面（タスク１、タスク２、タスク３）

   例：データをダウンロードしながら別のウェブサイトを閲覧する

図1.12.1　タスクに関する基本知識

1.13 モードレスとモーダル

モードとはある継続的なシステム状態を指す。その状態間の移動の制約が大きいことをモーダルと言い、小さいことをモードレスという[5]。システムとユーザーとのインタラクションに関する概念で、幅広いデザインに適用できる。

(1) モードレスの例

例えばウェブブラウザで、ブックマークの管理ウインドウを開いた状態でもブラウズ操作できるのはモードレスである。この形式では、他のウインドウの操作や機能に制限を掛けない。サービスの例では、自由に好きな料理を選べるバイキング形式の料理である。

(2) モーダルの例

例えばウェブブラウザで、基本設定用のダイアログボックスが開いている時にブラウズ操作できない状態はモーダルである。この形式のウインドウが開いている間はそのウインドウ内の操作しか受け付けず、他のモードへ移れない。サービスの例としては、決まった順序で決まった料理が出されるコース料理などが該当する。

(3) モードレスのメリットとデメリット

モードレスは、あるモードにあることをユーザーにあまり意識させず、適切な意思決定ができる熟練ユーザーの効率的な行動を妨げにくい。しかしモードレスがもたらす自由はユーザーを迷わせる場合もあり、失敗のおそれも大きくなる。

(4) モーダルのメリットとデメリット

アプリケーションの初期設定などに用いられるウイザードは、モーダルの利点を分かりやすく示す。特に初心者ユーザーに対しては、ある制約の存在が容

1.13 モードレスとモーダル

易さや分かりやすさを生むことは多い。しかし、同じ操作行動でもモードが異なれば違う意味になり、理解しにくくなるおそれがある。また、別の機能を使うとき最初に戻る必要を強いるなど、煩雑な操作手続きを生むおそれもある。

モーダルのデメリットの主な原因は不適切なモードデザインと情報伝達にある。現在のモード、別のモードに移る必要性、モードの選択をユーザーが自然に理解し実行できるならば、モーダル自体はあまり問題にならない。モーダルとモードレスの特性を理解し、うまく利用してデザインすることが大切である。

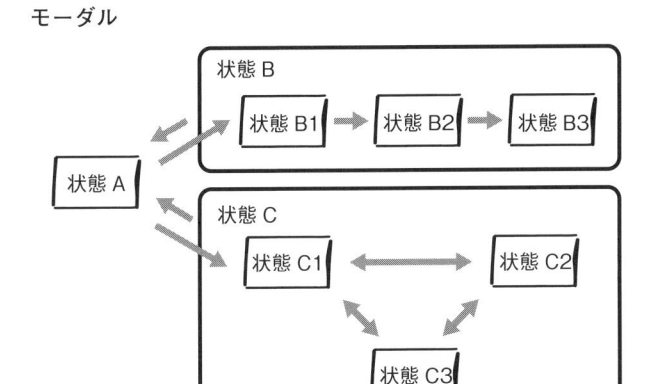

モーダル

状態Bと状態Cの間の移動はできない

モードレス

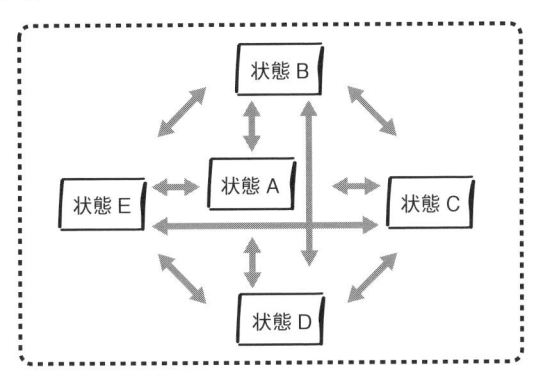

どの状態からでも他の状態へ移ることができる

図1.13.1　モードレスとモーダル

1.14 ヒューマンエラー

　ユーザーは、情報入手→理解・判断→操作のプロセスを繰り返して、目的を達成させている。それぞれの各段階でエラーを起こすので、情報デザインやUXデザインを行う際、情報入手と理解判断のステップで誤認行動を起こさせない。操作のステップではユーザーの無意識の行動に対処できるようにするのがポイントである。以下の点を注意してデザインを行う。

(1) 情報入手ステップ

①重要な情報に気がつくようにデザインする
重要な情報にはコントラストを付けたり、色や枠線などを使って強調する。
②情報間の関係を明確にする
矢印や番号を使って、操作手順などの関係を理解できるようする。

(2) 理解・判断ステップ

①メンタルモデルを容易に作ることができ、動作原理が分かるようにする
システムがどうやって動いているのが分かるようにする。
②現在の操作状況を知らせる
全体に対する現在の状況や設定状況を分かるようにする。
③特別の専門用語を用いない
ユーザが一理解できる用語を使用する。二重否定や多義性のある用語は用いない。

(3) 操作ステップ

①使いやすいようにする
適正な作業姿勢の確保、操作具とのフィット性と最適操作力の確保を検討する。
②フィードバックを必ず行う

1.14 ヒューマンエラー

ユーザーのした操作が機械に伝わっているのか確認するために必要です。

誤認混同を起こさせないには、紛らわしい言葉を使わない、文字を大きくして見やすくする。また、デザイナーのメンタルモデルとユーザーのメンタルモデルを一致させなければならない。

ユーザーの無意識の行動に対処できるようにする1つの方法は、インターロック機能を設けたデザインにすることである。インターロック機能とは、ある手順を踏まないと操作が実現できないことを言い、安全設計の重要な概念である。

①重要な情報に気がつくようにする
②情報間の関係を明確にする

情報の入手

理解・判断

①メンタルモデルを容易に作ることができ、動作原理が分かるようにする
②現在の操作状況を知らせる
③特別の専門用語を用いない

操作

①使いやすいようにする
②フィードバックを必ず行う

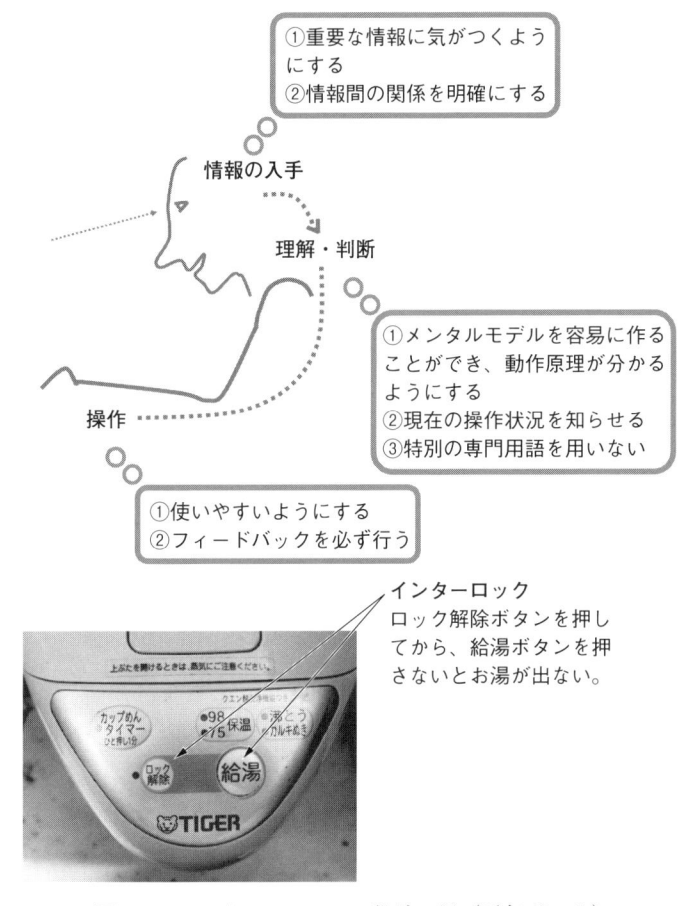

インターロック
ロック解除ボタンを押してから、給湯ボタンを押さないとお湯が出ない。

図 1.14.1　インターロック設計の例（電気ポット）

参考文献

[1] 蒲山久夫：人間工学ハンドブック編集委員会編〜人間工学ハンドブック，p.164，金原出版，1966

[2] エティエンヌ・グランジャン（中迫勝，石橋富和，訳）：産業人間工学 快適職場をデザインする，p.152，啓学出版，1992

[3] 八木昭宏：知覚と認知，pp.10-11，培風館，1997

[4] 小谷津孝明：心理学Ⅰ（柿崎祐一，牧野達郎編），知覚・認知，pp.48-55，有斐閣，1976

[5] 山岡俊樹 編著：ハード・ソフトデザインの人間工学講義，pp.16-23，武蔵野美術大学出版局，2002

[6] 近藤洋逸，好並英司：論理学概論，pp.11-29，岩波書店，1964

[7] 山岡俊樹，岡田明：ユーザインタフェースデザインの実践，pp.118-126，海文堂出版，1999

[8] 山岡俊樹 編著：ハード・ソフトデザインの人間工学講義，pp.211-212，武蔵野美術大学出版局，2002

[9] 1.Jenny Preece, Yvonne Rogers, Helen Sharp, David Benyon, Simon Holland, Tom Carey："HUMAN-COMPUTER INTERACTION", Addison-Wesley, pp.134-137, 1994

[10] スマートフォンのためのUIデザイン ユーザー体験に大切なルールとパターン，p.13，ソフトバンククリエイティブ，2013

[11] Microsoftの設計原則 - タッチ操作の設計（Windowsストアアプリ）- 操作領域，http://msdn.microsoft.com/ja-jp/library/windows/apps/hh465415.aspx

[12] ISO9241 Ergonomics of Human-System Interaction-Part210 Human-Centred Design for Interactive Systems, 2010

[13] Geri Gay, Helene Hembrooke：Activity-Centered Design, The MIT Press, 2004

[14] Don Norman：Human-Centered Design Considered Harmful, http://jnd.org/dn.mss/human-centered_design_considered_harmful.html, 2005

[15] 山岡俊樹：サービスデザインの方法，DESIGNPROTECT，pp.87, 32-40, 2010

［16］山岡俊樹，神原一智：エクスペリエンスデザイン／サービス工学の設計・評価項目の検討（1），エクスペリエンスデザインの設計・評価項目，pp.262-263，デザイン学研究第 53 回研究発表大会概要集 2006

［17］Kirwan, B., Ainsworth, L. eds.：A Guide To Task Analysis — The Task Analysis Working Group, Taylor and Francis, 1992

［18］日本デザイン学会編，デザイン事典，p.455，朝倉書店，2003

2章

汎用システムデザインプロセス

本章では、デザインの現場でよく使われているデザインプロセスと、本書で採用している汎用システムデザインプロセスの相違およびそれぞれの特徴を説明する。

2.1 既存のデザインプロセス

現状の一般的なデザインプロセスは、マクロ的に見ると分析→総合→評価であろう。その特徴は、制約条件を厳密に規定するのではなく、大まかなコンセプトを作り、そのコンセプトに対して、数多くのスケッチを描き、完成イメージを膨らませていく方法である。デザイン対象が単純な機能の製品ならば、比較的問題なく使える方法である。しかし、製品の機能が複雑になったり、情報デザインのように見えない対象物をデザインするにはいろいろ問題がある。コンセプトを厳密に決めていないので、自由度が高いが、検討項目が多くなりロスワークが発生しやすくなる。以下に、その特徴を示す。

(1) 扱いやすい単純なプロセスである

ビジネスの世界では、PDCAサイクル（Plan（計画）→ Do（実行）→ Check（評価）→ Act（改善））や Plan（計画）→ Do（実行）→ See（評価）のプロセスが行われている。前述した既存のデザインプロセスもほぼ同じで、一般的なプロセスとも言える。しかし、簡単な手法ほど使うのにノウハウが必要である。デザイナーの場合、手法が簡単なのは扱いやすいが、かなりの人間工学などの知識がないと詳細に検討ができず、検討漏れの危険性が高い。例えば、安全やヒューマンエラーを考慮したデザインなどどうするのか。直感では無理で、人間工学の知見が必要である。

(2) スケッチを多く描かなければならない

既存のデザインプロセスにおいて、コンセプトが厳密にすべきことは決められていないので、検討条件が多く発生し、検討するために多くのスケッチを描かなければならず、コンセプトと違うアウトプットができる可能性も高い。したがって、時間が多く掛かる。例えば、仮に売れる目覚まし時計をデザインしろと言われても困るであろう。どこで使われるのか（家庭か旅行用か）、値段、機能などが決められていないと、デザイナーが全てこれらを検討しなければな

2.1 既存のデザインプロセス

らない。

その結果、最終のデザイン案を出すのに時間が掛かり、しかも検討漏れのデザインになる可能性も出てくる。様々なデザイン案を考え、ある程度飽和状態になったと判断後、収斂させて数案に絞っていく。元々コンセプトを厳密に決めていないので、判断基準が甘く、飽和になったという判断をどうするのか？また、案を収斂させるときも、同様に基準が甘いので、どういう案に収斂させるのかなどの問題点がある。

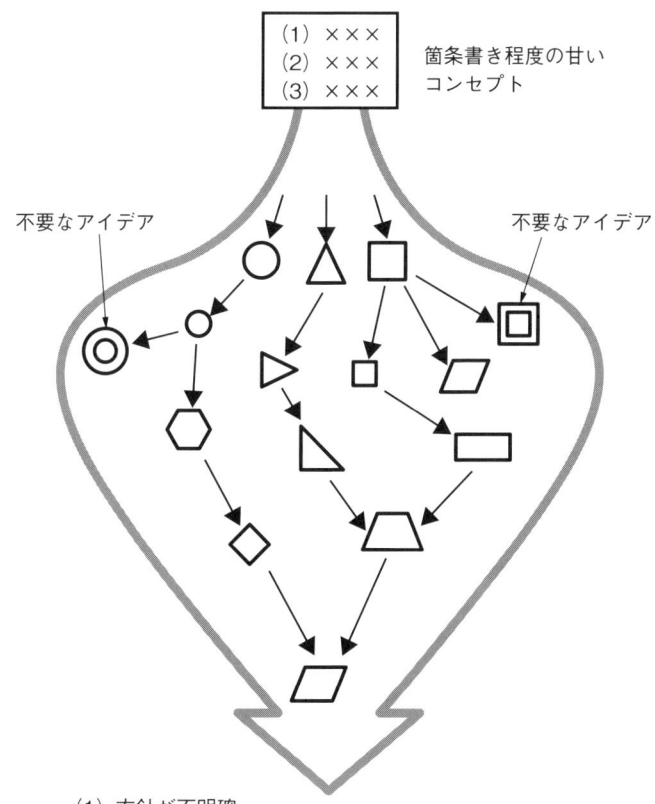

(1) 方針が不明確
(2) 検討漏れの可能性
(3) 時間が掛かる
(4) コンセプトと違うアウトプットになる可能性がある

図 2.1.1　既存のデザインプロセス

2.2 汎用システムデザイン

　汎用システムデザインの基本的骨組みは、最初に 1. システムの概要を決め、それに従って 2. システムの詳細を決定し、3. 可視化、4. 評価を行う[1]。1. システムの概要は、(1) 目的、目標の決定、(2) システム計画の 2 つのステップから構成される。2. システムの詳細では、システムの概要指針を受けて、(3) 市場でのポジショニング、(4) ユーザー要求事項の抽出、(5) ユーザーとシステムの明確化と (6) 構造化デザインコンセプト、の作成が行われる。そして、この構造化デザインコンセプトを基に、(7) 可視化が行われ、この可視化案に対し (8) 評価がなされる。デザインする対象により 2. システム計画を決めることができない場合も考えられ、このような場合、(4) ユーザー要求事項の抽出をこの前に行ってもよい。デザインする対象やそれが関わる環境によって、基本的に (1) 〜 (8) までのステップは、固定的に考える必要はなく、状況に応じて使い分ければよい。

　以下、詳説する。

(1) 目的、目標の決定

　システム構築組織の理念に基づいて、目的、目標は行われなければならない。目的とは、抽象的、質的で、実現しようとする機能的事項のことである。そして、目的から求められる性能レベルのものが目標であり、目標は具体的、定量的であるので、システムの評価基準でもある[2]。目的と目標はそれぞれの構成項目は全て充足させる必要はなく、必要な項目を使って文あるいは文章にまとめればよい。

a) 目的

　5W1H1F（function）の視点から、何を期待するのか目的を決める。

　①誰が、②何を、③いつ、④どこで、⑤なぜ、⑥どうやって、⑦機能は、⑧期待は何か

b) 目標

目的を受けて下記の10項目のうち、必要な項目を使って、目標を具体化する。

①機能性、②信頼性、③拡張性、④効率性、⑤安全性、⑥ユーザビリティ、⑦楽しさ、⑧費用、⑨生産性、⑩メンテナンス

(2) システム計画

目的と目標を受けて、システム計画はシステムの境界を定め、システム全体をより具体化したものである。

①構成要素の特定

扱う機能から構成要素を抽出する。

②構成要素間の関係付け

構成要素を構造化して、それらの関係を明確にする。

③制約条件を検討する

システムの内と外にある制約条件について検討する。

④人間と機械との役割分担

人間と機械はどのような機能の配分をするのか、システム全体の観点から決める。新しいシステム構築のときは、システム計画の最初に検討するのが必要である。

(3) 市場でのポジショニング

企画する製品や情報システムの市場での位置付けを明確にし、企画に反映させる。

(4) ユーザー要求事項の抽出

ユーザー行動の観察や各種タスク分析で発見した問題や事象を分析することによりユーザー要求事項を抽出する。機能的な側面とユーザーの感性的な側面から、本質的な要求事項を把握する。

(5) ユーザーとシステムの明確化の作成
(6) 構造化デザインコンセプトの構築

　抽出したユーザー要求事項とシステム概要から構造化デザインコンセプトと一種の仕様書であるユーザーとシステムの明確化を作成する。

(7) 可視化

　構造化コンセプトとユーザーとシステムの明確化に基づき具現化する。主に構造化コンセプトの最下位項目からパーツデザイン案を作成し、ユーザーとシステムの明確化の「入力デバイス」と「画面サイズ」からパーツデザインを絞り込む。また、ユーザーとシステムの明確化で作成する機能系統図からシステムデザインのフローを検討する。

(8) 評価

　評価にはコンセプトや仕様書との適合性を調べる検証（Verification）とシステムの目的を達成の可能性を調べる有効性の確認（Validation）がある[3]。これをV＆V評価という。検証は評価項目を決めてチェックリストで行えばよい。有効性の確認は、評価のところで述べるSUM、ユーザビリティタスク分析を活用して行う。

2.2 汎用システムデザイン

システムの概要

- 目的・目標
- システム計画

システムの詳細

- ポジショニング
- ユーザー要求事項抽出
- システムとユーザーの明確化
- 構造化デザインコンセプト

- 可視化
- 評価

目的・目標

目的
①誰が
②何を
③いつ
④どこで
⑤なぜ
⑥どうやって
⑦機能は
⑧期待は何か

目標
①機能性
②信頼性
③拡張性
④効率性
⑤安全性
⑥ユーザビリティ
⑦楽しさ
⑧費用
⑨生産性
⑩メンテナンス

システム計画

①構成要素の特定
②構成要素間の関係付け
③制約条件を検討する
④人間と機械との役割分担

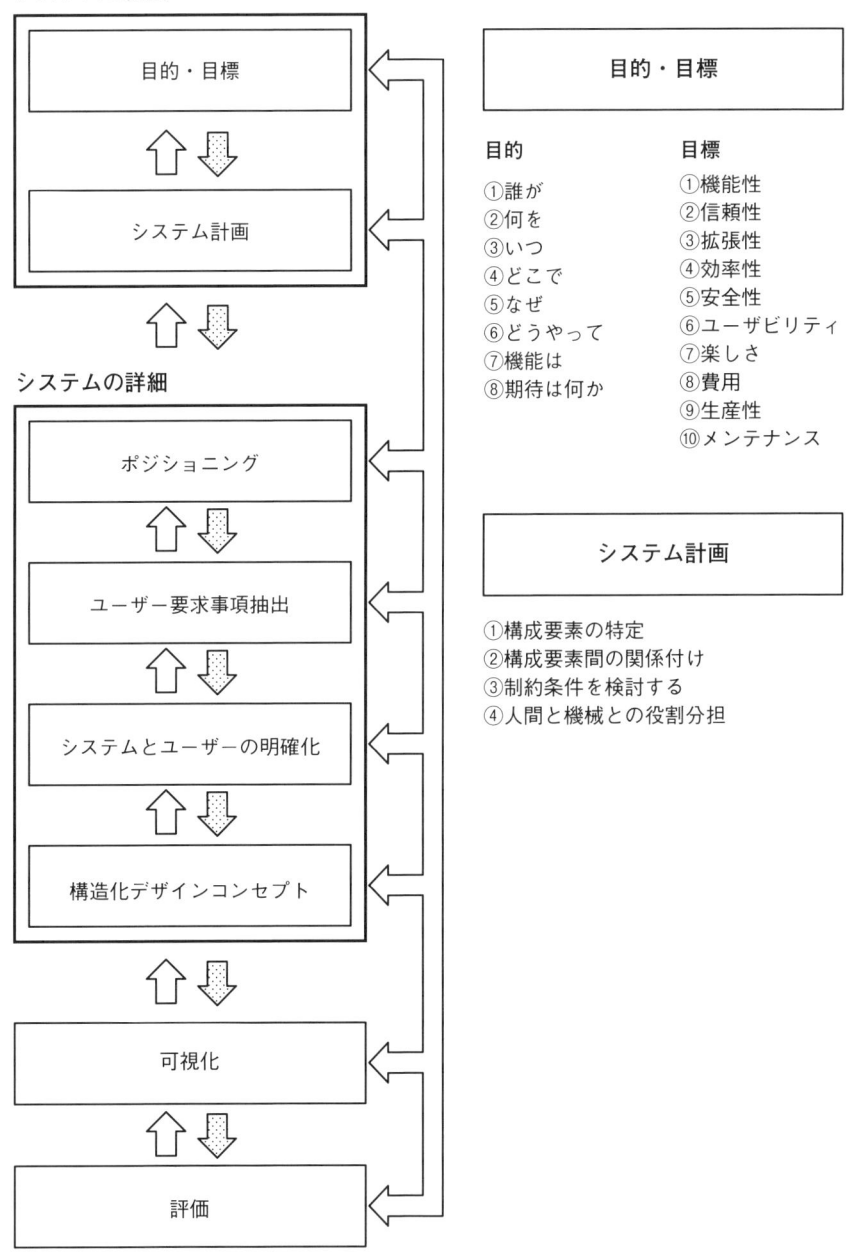

図 2.2.1　システムデザインの概要

2.3 汎用システムデザインの活用方法

(1) 汎用システムデザインの基本的考え方

①必要に応じて8つのステップの方法を活用する

　汎用システムデザインでは、製品開発や各種デザイン開発を対象とし、目的・目標の決定から評価まで行うべきデザイン作業が規定されている。しかし、全て行わないといけないわけではなく、必要に応じてその中で紹介されている方法を選択すればよい。情報デザインを行う場合、目的・目標の決定から評価までの全ての8ステップを行うのが理想であるが、開発時間、開発コストなどの制約条件から、最低限検討しなくてはならないステップは、目的・目標の決定、構造化デザインコンセプト、評価の3つである。

②カスタマイズが可能である

　扱う製品やシステムによって、この方法のカスタマイズは可能である。

③操作部やサインなども1枚の操作画面、情報提示画面と考える

　製品の操作部は1枚の操作画面として、サインは1枚の情報提示画面として位置付け、汎用システムデザインの方法を活用してデザインすることができる。

(2) ユーザー要求事項抽出と評価の方法の使い分け

　ユーザー要求事項抽出と評価は提案している方法が多いので、以下のように使い分ける。

①操作が簡単な機器の情報デザインの場合

対象：エアコンのリモコン、キッチンタイマー、飲食店での食券販売機など

・ユーザー要求事項の抽出：3ポイントタスク分析、5ポイントタスク分析、プロセス状況テーブル（ProST）

・評価：GUIチェックリスト、プロトコル解析

②操作が普通の機器の情報デザインの場合

対象：ATM、航空券の発券機、鉄道の券売機

・ユーザー要求事項の抽出：5ポイントタスク分析、プロセス状況テーブル

2.3 汎用システムデザインの活用方法

システムの概要

```
┌─────────────────────────┐
│      目的・目標          │
│         ⇅               │
│      システム計画         │
└─────────────────────────┘
           ⇅
```

システムの詳細

```
┌─────────────────────────┐
│    ポジショニング         │──┬─(1) 2つの評価軸から状況を把握する
│                         │  ├─(2) 定性的に分類して状況を把握する
│         ⇅               │  │    （マトリックスの活用）
│                         │  ├─(3) コレスポンデンス分析
│                         │  └─(4) コンテンツマトリックス
│  ユーザー要求事項抽出      │──┬─(1) 観察法
│                         │  ├─(2) 3ポイントタスク分析
│         ⇅               │  ├─(3) 5ポイントタスク分析
│                         │  ├─(4) プロセス状況テーブル（ProST）
│                         │  └─(5) 評価グリッド法
│  システムとユーザーの明確化 │
│         ⇅               │
│  構造化デザインコンセプト   │──┬─(1) トップダウン式
│                         │  └─(2) ボトムアップ式
└─────────────────────────┘
           ⇅
┌─────────────────────────┐
│        可視化            │
└─────────────────────────┘
           ⇅
┌─────────────────────────┐
│        評価             │──┬─(1) GUIチェックリスト
│                         │  ├─(2) プロトコル解析
│                         │  ├─(3) SUM
│                         │  └─(4) ユーザビリティタスク分析
└─────────────────────────┘
```

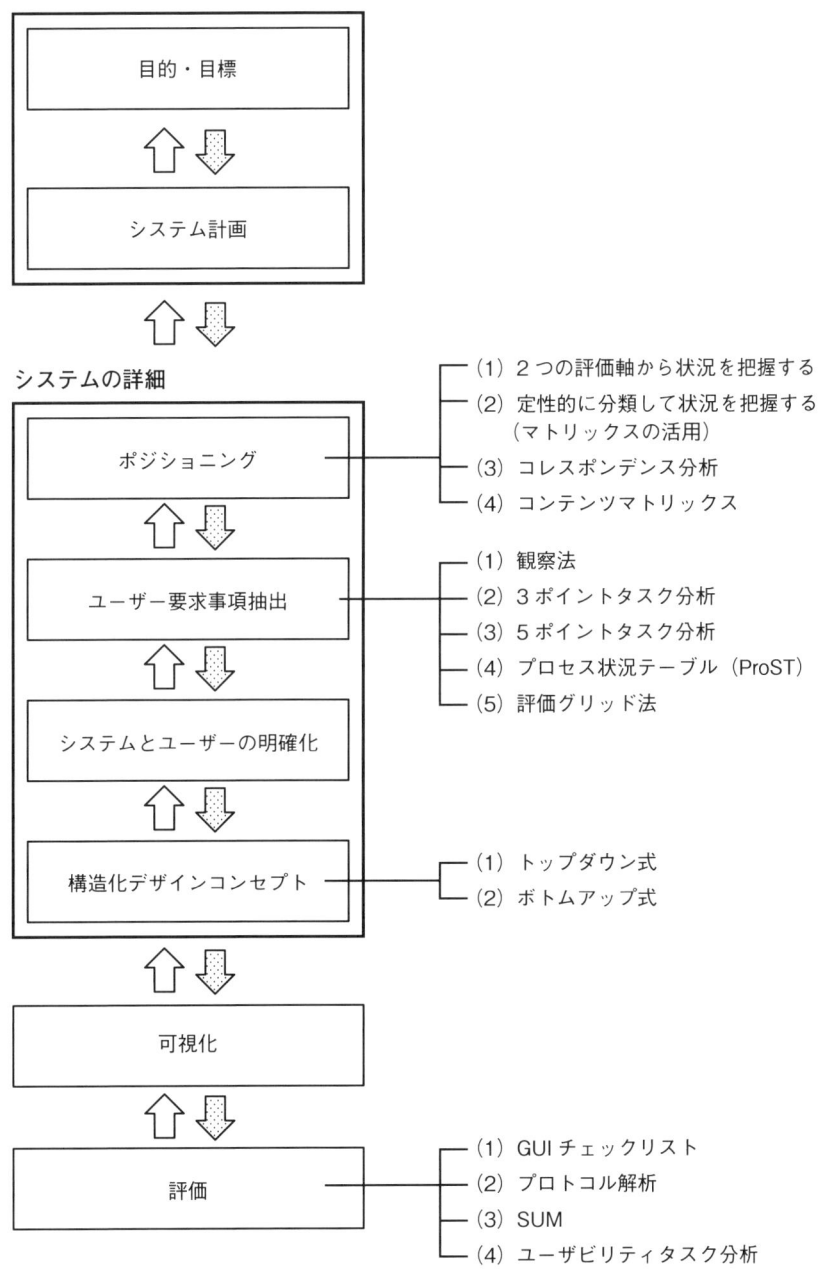

図 2.3.1　システムデザインの活用方法

（ProST）
・評価：GUIチェックリスト、プロトコル解析、SUM、ユーザビリティタスク分析
　③操作が複雑な機器の情報デザインの場合
対象：産業機器や医療機器の操作画面
・ユーザー要求事項の抽出：5ポイントタスク分析、ProST
・評価：GUIチェックリスト、プロトコル解析、ユーザビリティタスク分析

2.4 汎用システムデザインのプロセスと各章の関係

　汎用システムデザインのプロセスは、プロセスの流れと各ステップでの行うことが決められているが、扱うシステムによってその流れやステップを飛ばしたり、カスタマイズしてもよい。以下、各ステップと対応する章との関係を示す。

(1) 目的、目標の決定
　3.1節にて、目的と目標について説明している。画面、製品やサービスをデザインする場合、最初に目的を明確にする必要性が述べられている。

(2) システム計画
　3.2節にて、システムの計画を説明している。(1) 目的、目標の決定と (2) システムの計画がシステムの概要である。

(3) 市場におけるポジショニング
　4.1節にて、市場におけるポジショニングについて説明している。このステップでは、コレスポンデンス分析とコンテンツマトリックスなどが紹介されている。

(4) ユーザー要求事項の抽出
(5) システムとユーザーの明確化
(6) 構造化デザインコンセプト
　4章では、概要デザインと市場におけるポジショニングに基づいて、詳細のデザインを行う方法が書かれてある。4.2節で要求事項の抽出方法について紹介している。4.4節が構造化コンセプトの構築方法について記述されている。4.3節は仕様書であるシステムとユーザーの明確化の内容が述べられている。

2章 汎用システムデザインプロセス

システムの概要

- 目的・目標
- システム計画

システムの詳細

- ポジショニング
- ユーザー要求事項抽出
- システムとユーザーの明確化
- 構造化デザインコンセプト

- 可視化
- 評価

(1) 目的、目標の決定
3.1

(2) システム計画
3.2

(3) 市場におけるポジショニング
4.1

(4) ユーザー要求事項の抽出
4.2

(5) システムとユーザーの明確化
4.3

(6) 構造化デザインコンセプト
4.4

(7) 可視化
5章

(8) 評価
6章

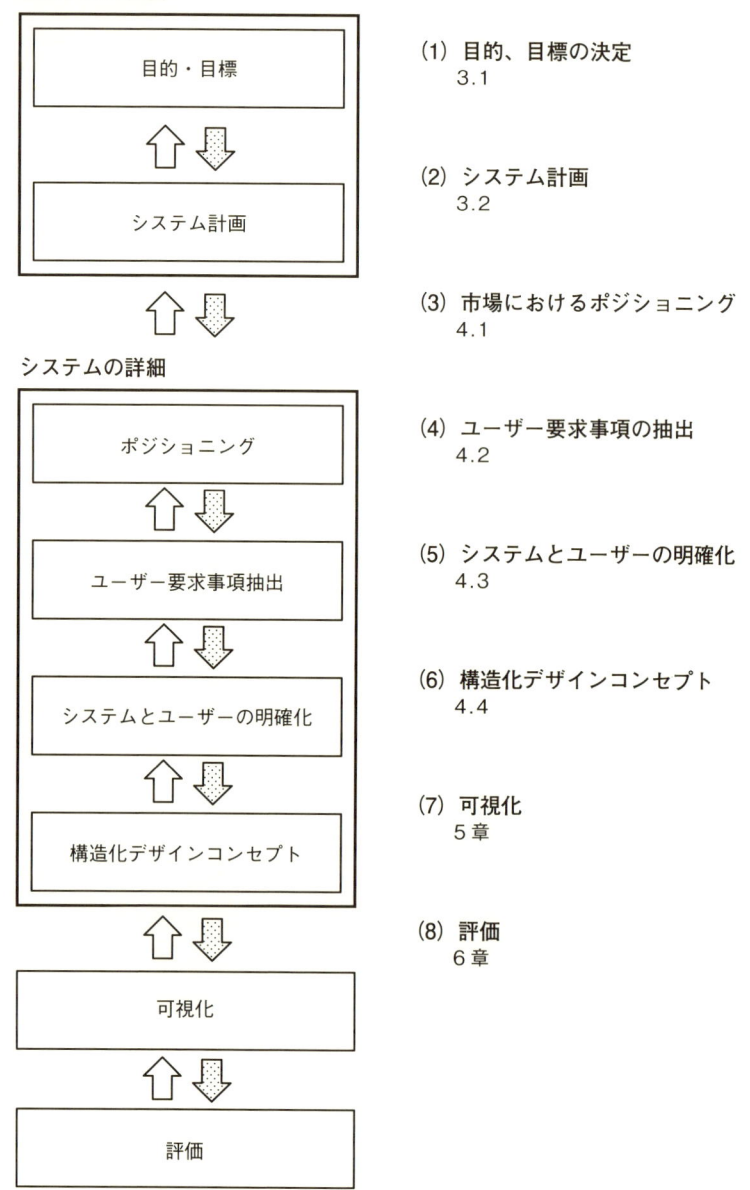

図2.4.1 システムデザインのプロセスと各章の関係

(7) 可視化

構造化コンセプトとユーザーとシステムの明確化に基づき可視化を行うが、6章にその方法が書かれてある。

(8) 評価

6章に評価の考え方と評価手法が紹介されている。

(9) 事例

7章では、このプロセスに基づいて2つの画面デザイン案が紹介されている。

参考文献

1) 山岡俊樹，北岡信一郎：汎用システムデザインプロセスの検討（1） 基本的考え方，pp.44-46，第8回日本感性工学会春季大会 講演予稿集，2012

2) 大村朔平：システム思考入門，pp.51-63，悠々社，1992

3) 海保博之，田辺文也：ヒューマン・エラー，pp.144-147，新曜社，1996

3章

システムの概要

　汎用システムデザインプロセスの前半部分である目的・目標、システム計画をまとめたのがシステムの概要である。本章では、このシステムの概要について説明する。

3.1 目的、目標について

(1) 目的の決定

 2.2節で述べたが、システム構築組織体の理念に基づいて、目的を検討する。この場合、検討のための事前のサーベイを行ってもよい。目的とは、抽象的、質的で、実現しようとする機能的事項のことである。5W1H1F（function）の視点から、何を期待するのか目的を決める。つまり、①誰が、②何を、③いつ、④どこで、⑤なぜ、⑥どうやって、⑦機能は、⑧期待は何か、の8項目である。例えば、液晶が表示部の旅行用目覚まし時計を考える。目的は国内外へ行く旅行客が旅行先で間違いなく、気楽に扱える液晶が表示部の旅行用目覚まし時計の実現である。

(2) 目標の決定

 目的を受けて、下記の10項目のうち必要な項目を使って、目標を具体的に決める。

　①機能性：どういう機能にするのか
　②信頼性：安心して使用することができるか
　③拡張性：システムの拡張性をどうするのか
　④効率性：効率性をどの程度考えるのか
　⑤安全性：安全性の範囲をどの程度考えるのか
　⑥ユーザビリティ：素人か専門家が使うのか？その操作性はどうか
　⑦楽しさ：使用する楽しさはどの程度にするのか
　⑧費用：使用する上での費用をどの程度考えるのか
　⑨生産性：生産性をどの程度考えるのか
　⑩メンテナンス：システムをどうメンテナンスするのか

 場合によっては、目的と目標を1つにまとめてラフに記述してもよい。
 液晶が表示部の旅行用目覚まし時計の場合、目標は目的を受けて次のことを考える。

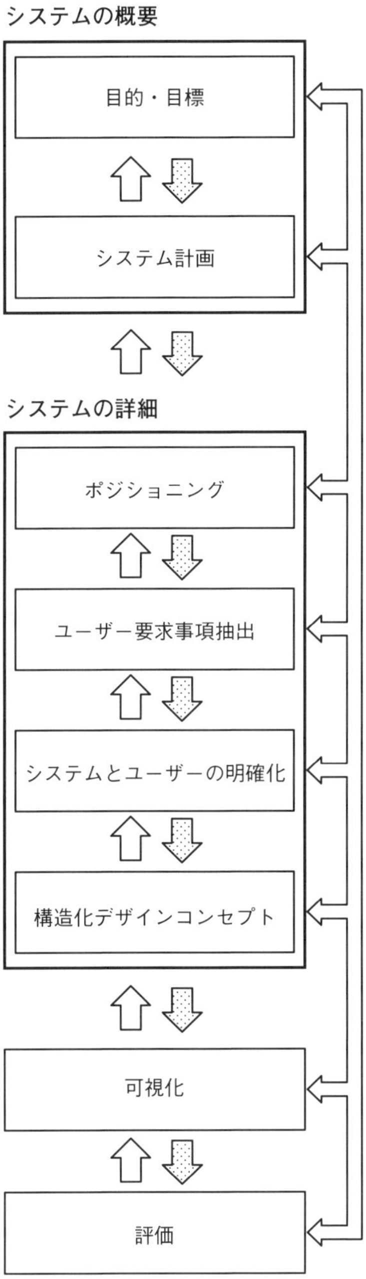

3.1 目的、目標について

システムの概要

- 目的・目標
- システム計画

システムの詳細

- ポジショニング
- ユーザー要求事項抽出
- システムとユーザーの明確化
- 構造化デザインコンセプト

- 可視化
- 評価

目覚まし時計の企画
目的
国内外へ行く旅行客が旅行先で間違いなく、気楽に扱える液晶が表示部の旅行用目覚まし時計の実現である。

目標
・機能性
表示部が液晶で、操作はボタン操作で行い、時刻の精度は現状より15％向上させる。
・信頼性
運搬のことも考え、ロバストな構造にする。
・拡張性・効率性
旅行先の時刻に自動変換する。
・ユーザビリティ
アナログ目覚まし時計をベースにした操作方法にして、エラーをなくす。
・楽しさ
アラーム音を機械音ではなくメロディーにし、何種類か準備し好きな曲を選択できる。
・メンテナンス
現状よりも10％改善した長時間使える電池にする。

図 3.1.1 目的、目標について

機能性：表示部が液晶で、操作はボタン操作で行い、時刻の精度は現状より15％向上させる。

信頼性：運搬のことも考え、ロバストな構造にする。

拡張性・効率性：旅行先の時刻に自動変換する。

ユーザビリティ：アナログ目覚まし時計をベースにした操作方法にして、エラーをなくす。

楽しさ：アラーム音を機械音ではなくメロディーにし、何種類か準備し好きな曲を選択できる。

メンテナンス：現状よりも10％改善した長時間使える電池にする。

3.2 システム計画とは

　システム計画は、目的と目標を受けて、システム全体をより具体化したものである。この計画によりある程度のシステムの境界が定まるので、次の「ユーザー要求事項の抽出」のステップで、抽出範囲が定まるので抽出作業が容易となる。

(1) 構成要素を特定する（機能系統図の詳細は 4.3（3）にて参照）
　コンセプト構築時に機能系統図を使って、機能の特定を行うが、大きなシステムの場合、この段階で機能を機能系統図で分解して、構成要素を抽出してもよい。
　機能系統図は、「目的―手段」の関係から、最上位機能を分解していく。分解するとき、その機能を実現するためにはどのような手段が必要かという視点で分解していく。逆に、目的を決める場合、それは何のために必要かと目的を絞り込んでいく。
　記述するポイントは、「名詞＋動詞」、抽象化した表現で形容詞は削除し、否定文は使わない[1]。

(2) 構成要素間の関係を検討する
　構成要素をグループ化して構造化する。構造化することにより、構成要素の関係を明確にすることができる。

(3) 制約条件を検討する
　システムの内と外にある内部秩序、外部秩序について検討する。
　①外部秩序における制約条件：物流、協力者、資産および社会・文化的面について、必要に応じて明確化する
　②内部秩序に関する制約条件：使用者、機械や技術など

3章　システムの概要

システムの概要

- 目的・目標
- システム計画

システムの詳細

- ポジショニング
- ユーザー要求事項抽出
- システムとユーザーの明確化
- 構造化デザインコンセプト
- 可視化
- 評価

目覚まし時計の企画
システム計画
(1) 構成要素の特定
(2) 構成要素間の関係付け
機能が簡単なので、(3) と (4) をまとめて書く。このレベルではあくまでも仮である。
・液晶表示部のカバーは本体ベースとしても使われる。
・操作は全て液晶部分のタッチで行う。
・サイズは 100mm×60mm×7mm 程度を想定する。
(3) 制約条件を検討する
①外部秩序における制約条件
旅行用なので小型化、軽量であることが必要である。
②内部秩序に関する制約条件
多様なユーザーが容易に使えるようにする。バッテリーは電池を使用する。
(4) 人間と機械との役割分担
最初の時刻設定とアラーム時間設定はユーザーが行うが、電波時計なので時刻の調整は機械が行う。
また、海外での調整も機械が自動で行う。

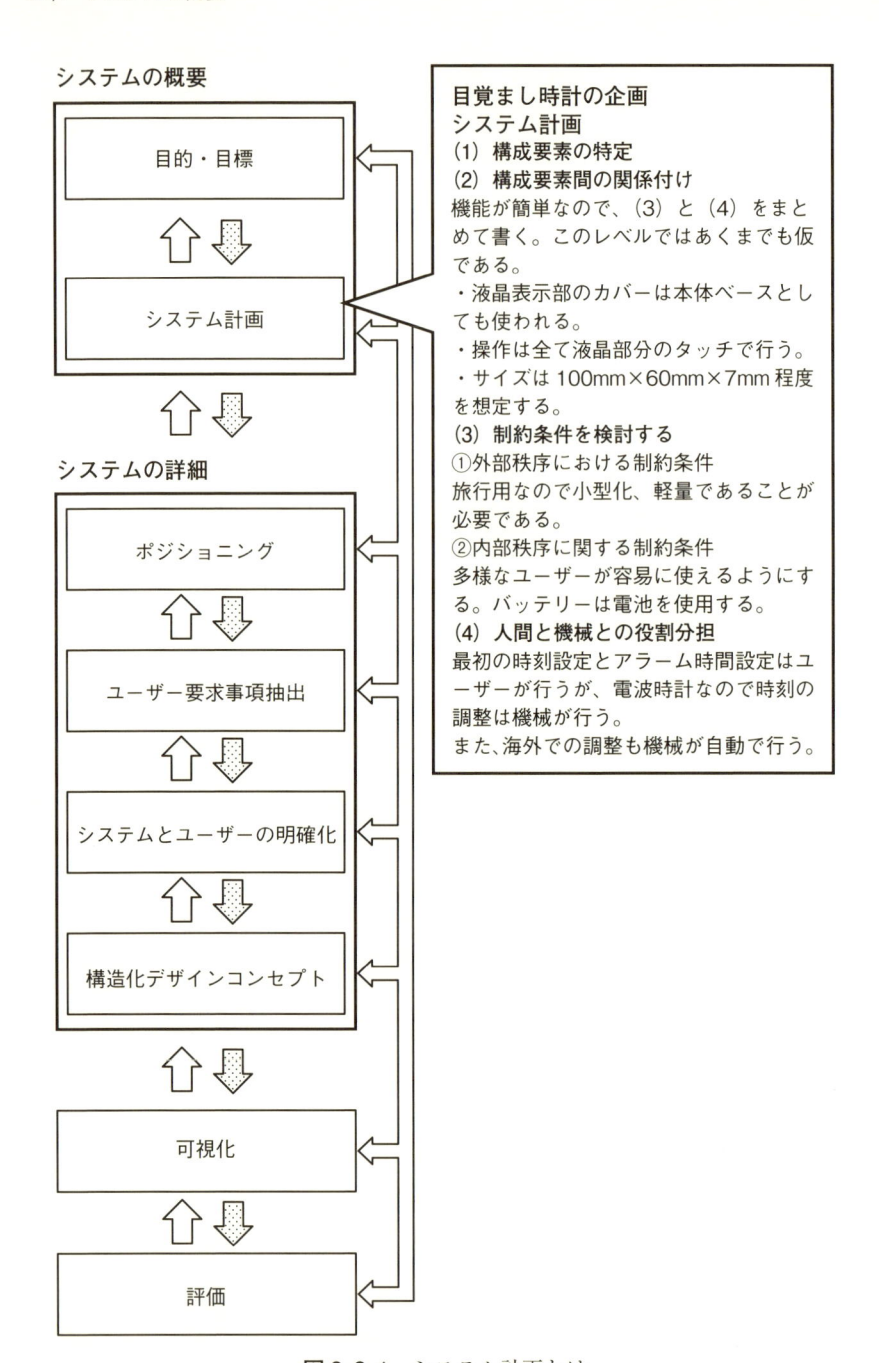

図 3.2.1　システム計画とは

(4) 人間と機械との役割分担を行う

　人間と機械（システム）との役割分担とは、ハードやソフトの製品を作るとき、どの機能は機械に任せ、人間はどのような作業をさせるのか決めることである。この役割分担により、製品や情報システムのデザインの方向が決まってしまうので非常に大事な概念である。人間には適度の刺激が必要で、極端な自動化を行うと人間のモチベーションが下がり、様々な問題が起きる。要は、バランスの問題で、役割分担を上手に行うことにより、システムの目的が効率的に達成され、人間にとって最適な負担で作業できるようになる。役割分担は、人間または機械に割り当てた方が適切な機能、システムの目的や技術レベルなども勘案して決める。

参考文献

1）手島直明：実践 価値工学，pp.43-45，日科技連，1993 より

4章

システムの詳細

　本章はシステムの詳細を特定するプロセスである。ポジショニング、要求事項の抽出、システムとユーザーの明確化、構造化デザインコンセプトから成る。

　最初に、自社の製品、情報システムのイメージや他社のそれらがユーザーによりどのようなイメージを持たれているのか調べるのが市場におけるポジショニングである。本章では、市場におけるポジショニングの方法として、コレスポンデンス分析とコンテンツマトリックス他を紹介する。

　次に、要求事項を抽出し、システムとユーザーの明確化を行い、最後にこれらのデータに基づいて構造化コンセプトを作る。この作業の流れが一番自然である。特に、システムとユーザーの明確化と構造化コンセプトは同時に検討することが多い。本章では様々な方法を紹介するが、どういうときにどの方法が有効なのか理解してほしい。

4.1　(1) 市場におけるポジショニングとは

　製品や情報システムのコンセプトを構築する前に、製品、情報システムのイメージや他社のそれらがユーザーによりどのようなイメージを持たれているのか調べるのが市場におけるポジショニングである。このポジショニングにより、どういう製品、情報システムが好まれているのか把握できるので、コンセプトを作る際役立つ。以下に簡単な方法を紹介する。

(1) 2つの評価軸から状況を把握する（図4.1.1）

　縦軸（Y軸）と横軸（X軸）に2つの評価軸を与えて、製品、情報システムや画面の状況把握を行う。評価項目はそれらを的確に評価できるキーワードを選択する。

　キーワードはある概念を表す用語とその反対に意味を持つ一対の組み合わせを考える。例えば、「モダン―クラシック」、「高級感の有る―高級感の無い」や「シンプル―複雑な」などである。2組の形容詞対で評価するならば、縦と横軸で平面上に表現できる。3組以上の場合は、2組の組み合わせによる全組み合わせを検討する。

　評価はターゲットユーザーに対し、そのキーワードを使ったアンケート調査を行う。アンケート評価は5段階評価（-2、-1、0、+1、+2）でよい。得られたデータ（平均値）は、その軸の値であるので布置すればよい。例えば、ある製品や画面のイメージが、「モダン―クラシック」（X軸）が1.4で、「高級感の有る―高級感の無い」（Y軸）が-0.5ならば、それぞれの値をX、Y軸に布置すればよい。

　あるいは、アンケート調査をしないで、デザイナー数人に議論をしてもらい、大体のポジションを感覚的に布置してもらってもよい。この場合、4×4のブロックにすると扱いやすくなる。

4.1 （1）市場におけるポジショニングとは

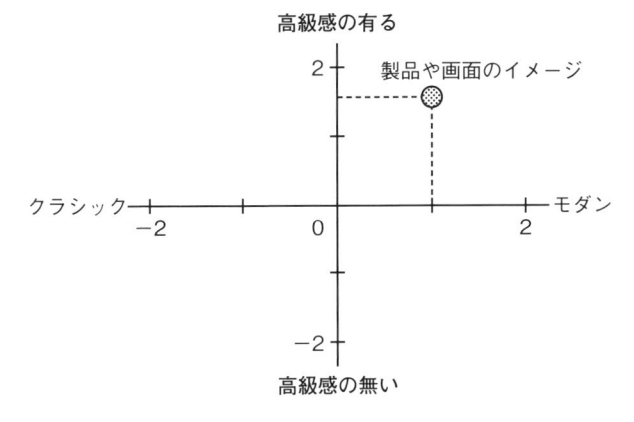

図4.1.1 2つの評価軸から状況を把握する

表4.1.1 デザインイメージに関する項目

デザインイメージに関する項目			
モダン系 イメージ用語	信頼感系 イメージ用語	品位系 イメージ用語	親近感系 イメージ用語
先進性のある モダンな シャープな クールな ハイテク感のある 精緻感のある 都会的な 未来を感じる すっきりとした メリハリのある 洗練された（スタイリッシュな） 斬新な 違和感のない 意外性のある	堅牢な オーソドックスな 存在感のある リジッドな 本物感のある 動的な 重厚な 精悍な 飽きの来ない 高機能な オールマイティな 安心感のある 信頼性のある 威厳感のある ハードな 統一感のある 調和の取れた 一体感のある	高級感のある 品位のある 上品な エレガントな 静的な 都会的なる 魅力的な 個性的な 象徴的な ファッション性のある 伝統美的な（クラシックな） 安定感のある 清潔感 趣味性の高い	親しみやすい ソフトな 自然な 幻想的な 軽快な 軽量な ほのぼのとした 可愛らしい 明るい カジュアルな ナチュラルな 楽しさがある（使う楽しさ、身に着ける楽しさ、所有する喜び）

（2）定性的に分類して状況を把握する（マトリックスの活用）

　マトリックスの列頭と行頭に何種類、何段階の評価ゾーンを作り、それに該当するイメージの製品や画面を当てはめて、状況を把握する。ゾーンには、価格、ニーズや様々なイメージなどを活用する。製品の場合、価格ゾーンとニーズによる製品の分類を行い、画面イメージならば、マトリックスの列頭に各社の画面、行頭にモダン系、信頼系、品位系、親近感系イメージ用語[1]を配置して、該当するセルに○を付けて、状況を把握することができる（**表4.1.1**）。

4.1 （2）コレスポンデンス分析

コレスポンデンス分析（correspondence analysis）[2]、[3]、[4] は、クロス集計表における表側と表頭の要素間の関係を調べたいとき用いる。この方法により調べたい製品や画面のイメージがどのようにユーザーに捉えられているのか理解することができる。データを取り、分析する方法は以下のとおりである。

①アンケートを取る

評価したい製品や画面（以下、オブジェクト）に対して、「高級感がある」、「モダンな」、「シンプル」などの形容詞の評価項目を使って、アンケートをする。アンケートでは対象オブジェクトがどの評価項目に該当するのかチェック（○を付ける）するだけである。

②データ表を作る

得たデータから○の数を数え、その数を行頭と列頭の該当するセルに入力する。

③データをコレスポンデンス分析のソフトに入力して、分析する（**表4.1.2**）

対象オブジェクトと評価項目が平面座標上に布置される。つまり、オブジェクトと関係の強い形容詞が近くに布置されるので、両者の関係が分かる。

④2次元上に布置されたデータの見方

原点からの布置された各位置までの方向と長さからオブジェクトの特性を判断する。原点からの方向がパターンを表し、2点間の原点からの成す角度が小さい場合、関係が深いと理解することができる。また、原点までの長さが極端さを表し、極端なほど長くなる。原点近くに位置付けられた形容詞は各オブジェクトに当てはまるので、共通のイメージを持つ形容詞である。平面座標上の位置関係が一部ひずむことがあるので、必ず元のデータ表でデータを確認する。

⑤布置されたデータをクラスター分析にかけてグループ分けをする

各形容詞とオブジェクトの座標値をクラスター分析にかけて、グループ分けをすることができる。そうするとオブジェクトと形容詞の関係を把握することができる。

4章 システムの詳細

表4.1.2 目覚まし時計（A-E）のアンケート結果

	製品A	製品B	製品C	製品D	製品E
シンプル	2.32	4.74	4.11	3.58	1.26
クラシック	2.53	3.74	3.58	2.74	1.37
ハーモニー	2.47	4.21	3.21	3.16	1.89
モダン	2.79	3.42	2.95	3.42	2
可愛い	2.21	3	2.84	2.53	4.79
クール	3.42	3.42	3.21	4	137
正確な	3.05	3.84	3.16	4.42	2.05
暖かい	2.11	2.58	2.26	2.21	4.21
カラフル	3.05	1.79	1.68	1.89	4.84
大きな音	4.37	2	2.84	3.26	3.16
静か	2.16	4.37	3.95	3.68	1.47

各セルのデータは、実験協力者19名の5段階評価の平均値である。

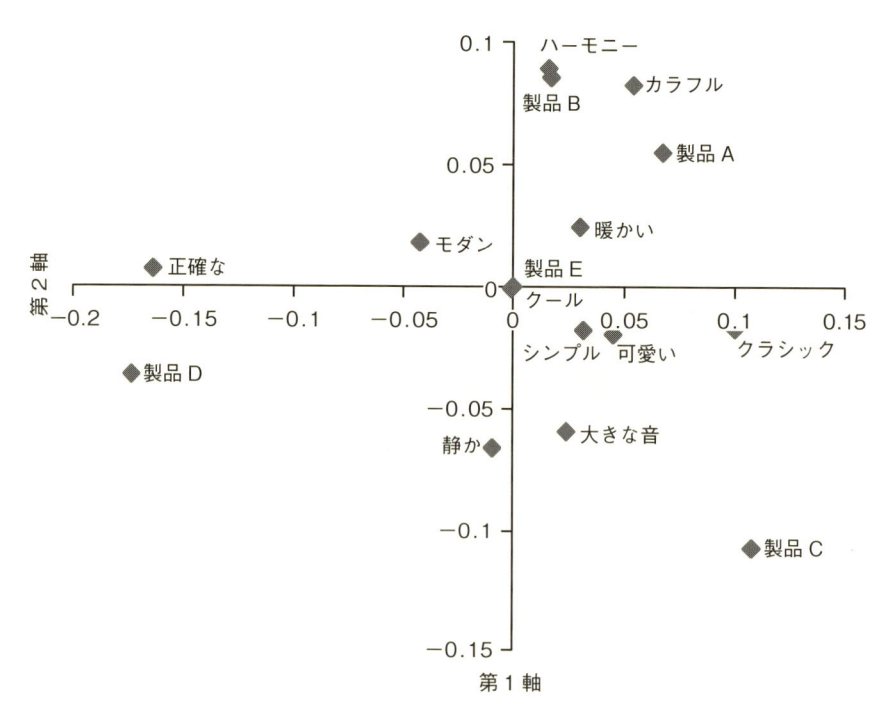

図4.1.2 表4.1.2ののデータのコレスポンデンス分析結果

製品や画面のデザイン案ができた時点で、この分析を行うと、そのデザイン案が当初のイメージ通りか、あるいは他社デザインとの比較ができる。当初のイメージよりもずれた結果ならば、デザインを修正して再度分析を行い、意図したイメージに到達するまで、検討、修正を繰り返せばよい。

4.1 (3) コンテンツマトリックスについて

　人間生活工学研究センター（HQL）のPJ（主査、山岡）で構築されたコンテンツマトリックスは、ユーザーニーズに合致させるべく既存あるいは新規のウェブサイトの内容を検討するものである。以下にその手順を示す。

①ユーザー要求事項を抽出する

　タスク分析やグループインタビューなどにより、サイトに対するユーザー要求事項を抽出する。

②要求事項を整理する

　入手した要求事項をグループ分けして、整理する。

③サイトの目的を明確にする

　トップダウン的に5個以内で目的を定める。サイトのコンセプトが決まっていれば、このコンセプトの目的を使う。

④コンテンツマトリックスを作る（**表4.1.3**）

　コンテンツマトリックスの列頭にユーザー要求事項を、行頭に目的を入力する。ターゲットユーザー層が何種類もある場合、各目的に中にその種類分の列を作る。

⑤該当するところがあるのか検討する

　あるユーザー要求事項がその目的に該当するのか調べる。該当すれば○を付ける。ターゲットユーザー層が何種類もある場合にも同様に行う。

⑥要求事項が対応しているのか検討する

　各目的に関するターゲットユーザーに対し、各要求事項が対応しているのか検討する。**表4.1.4**の場合、ユーザー層である学生、主婦、ビジネスマンの会社を知りたいという要求事項に対して、企業情報を知らせるという目的が対応しているのが分かる。しかし、商品を紹介する目的に関して、学生、主婦の要求事項に対して対応していない。また、学生が就活情報を希望していてもその情報がないといったことが分かる。

⑦既存のサイトを調べてみる

4.1 (3) コンテンツマトリックスについて

コンテンツマトリックスを使って、ある業界の各社のサイトを調べてみる。どの目的がなく、ユーザーの要求事項に対応していないなどと、その業界の傾向や問題点を把握することができる。

表 4.1.3　コンテンツマトリックス

	目的 (1)		目的 (2)		目的 (n)	
	ユーザー (1)	ユーザー (2)	ユーザー (1)	ユーザー (2)	ユーザー (1)	ユーザー (2)
要求事項 (1)	○	○				
要求事項 (2)			×	○		
要求事項 (3)	×					
要求事項 (4)						
要求事項 (n)						

表 4.1.4　メーカーのコンテンツマトリックス

	企業情報を知らせる			商品を紹介する			―		
	学生	主婦	ビジネスマン	学生	主婦	ビジネスマン	学生	主婦	ビジネスマン
会社情報を知りたい	○	○	○						
商品を知りたい				×	×	○			
就職情報を知りたい	×								
―									
―									
―									

4.2 A（1）要求事項とは

　デザイナーの役割は、ユーザーやステークホルダー（例えば、購入者やメンテナンスする人など、システムの利害関係者）にとって望ましいシステムを考案し、デザインすることである。そのためには、彼らがどんな目的を持ち、どんなシステムを望んでいるかを把握する必要がある。要求事項とは、ユーザーやステークホルダーがシステムに対して抱く様々なニーズや期待の内、デザイン検討において考慮する事柄である。要求事項はシステムの価値を創る源泉と言える。

(1) 変化する要求事項

　要求事項は、時代や周囲の環境変化などに応じて変化し続ける。状況変化が激しい現代では、ユーザーの利用状況を調査して要求事項をリアルタイムで取得することや、未来の要求事項を予測する必要性が高まっている。

(2) 顕在的と潜在的

　①顕在的要求事項

　ユーザーやステークホルダーが意識している要求事項である。例えばPCの起動時間の短縮や、機能の内容を分かりやすくするアイコン外観といった、主に機能的な不便や不利益に関する内容が多く含まれやすい。これらはインタビューなどでユーザーから比較的容易に抽出できる。

　②潜在的要求事項

　ユーザーやステークホルダー自身も意識していない要求事項である。技術と市場が成熟した現在は、斬新な価値を創造するために、潜在的要求事項に焦点が当てられている。潜在的要求事項を発見し充足することは、技術革新によらないイノベーションにもつながり得る。潜在的要求事項はインタビューだけで抽出するのは難しく、観察など別の抽出方法が必要となる。

(3) 価値あるシステムを構想するための要求事項抽出活動

汎用システムデザインは、ユーザーにとり望ましいシステムと UX を探索するための情報収集と分析を重視している。誰がどんな願望を抱いているか、それはなぜ生じたのか、その本質は何か、などを明らかにすることからシステムの要求事項は抽出される。これは、システムが実現する価値を発見する活動である。

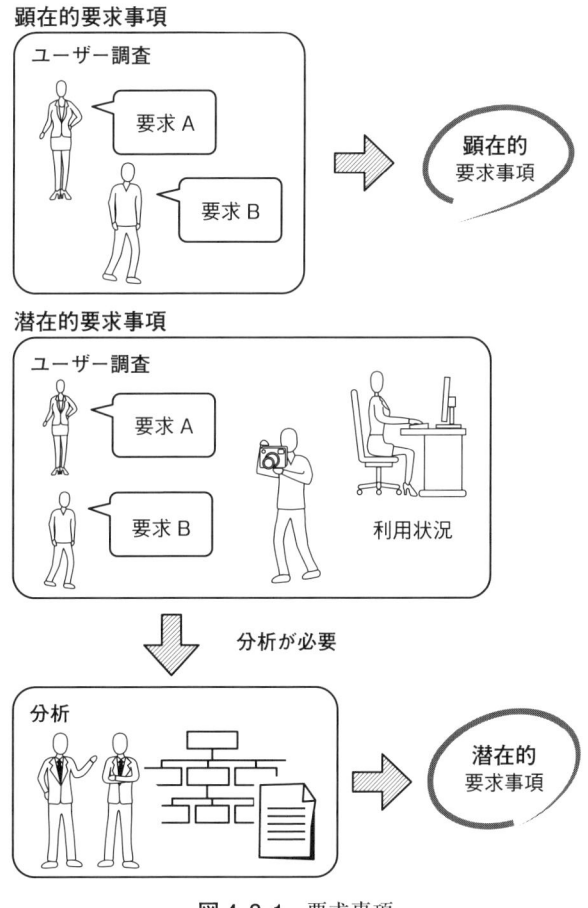

図 4.2.1　要求事項

4.2 A (2) 要求事項を抽出する方法

要求事項を抽出するためにはいくつかの方法を用いることができる。汎用システムデザインで主に用いる方法を以下に示す。

(1) 観 察

観察は、ユーザーがシステムを利用する様子を把握するための基本である。現時点での問題や問題の種になりそうな事柄について調査する際に活用する。インタビューを併用すると、より詳細な情報を取得しやすくなる。

(2) 3 ポイントタスク分析

システムを利用することは、システムが出す情報をユーザーが受け取り、理解・判断し、そして操作することの繰り返しである。3 ポイントタスク分析は、この情報処理の流れに着目して問題を発見する方法である。ユーザーとシステムのインタラクションについての詳細な要求事項を抽出する。

(3) 5 ポイントタスク分析

ユーザーとシステムとの関わりは様々な側面から見ることができる。5 ポイントタスク分析は、ユーザーが行う各タスクに対して HMI の 5 側面の観点から要求事項を抽出する方法である。3 ポイントタスク分析より広い視野に立ち、演繹的に要求事項を抽出する。

(4) プロセス状況テーブル（ProST）での分析

プロセス状況テーブル（Process State Table、略して ProST）は、ユーザーがシステムを利用する状況をタスクごとに記述して要求事項を抽出する方法である。個別の利用ケースを想定して具体的な要求事項を得る。複数のアクティビティや特殊な利用状況などを想定して分析し、要求事項の抜けを防ぐとともに潜在的な要求事項を抽出する。

(5) 評価グリッド法

評価グリッド法は人の内面にある評価構造を調べる実験的な方法である。

観察 現状を把握する

3ポイントタスク分析 情報処理プロセスの側面から問題を発見する

5ポイントタスク分析 HMIの5側面から要求事項を抽出する

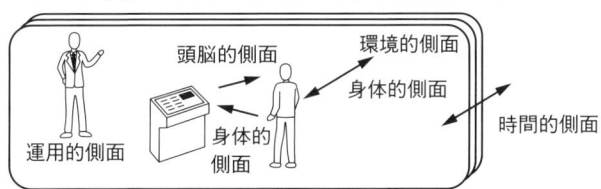

プロセス状況テーブル（ProST） 利用状況から要求事項を抽出する

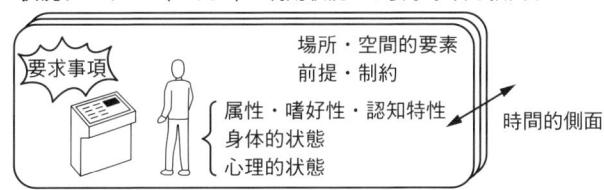

評価グリッド法 評価構造を把握する

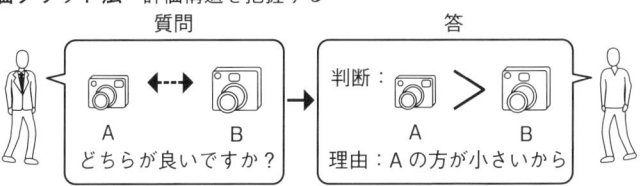

図4.2.2　要求事項を抽出する方法

4.2　B（1）観　察

　ユーザーが無意識に取っている行動やシステムとのインタラクションの観察は、潜在的要求事項やユーザーの内面を知るための有力な手段である。次に示す形式の組み合わせにより、大別して図4.2.3に示す4種類の方法がある。

（1）自然的観察
　ユーザとシステムの自然でありのままの様子を観察する形式。要求事項の発見を目的とする観察において一般的である。

（2）実験的観察
　特定のユーザー目的や状況を作り、その中でのユーザーとシステムとのインタラクションを観察する形式である[5]。確認したい事柄と条件があらかじめ定まっている場合に効率良くデータを収集しやすい。

（3）直接観察
　観察者がユーザーの普段の活動環境に入って観察する形式である。
　①参与観察
　ユーザーが観察者を意識している形式である。この中には観察者がユーザーと積極的に関わる交流的観察と関わらない非交流的観察がある[6]。交流的観察はユーザーの自然な行動を阻害するおそれはあるが、ユーザーへインタビューすることによって、行動の理由・意味・感情・思考内容などについて知ることができる。ここでのインタビューでは、ユーザーの内面にある情報を明らかにすることが大切である。交流的な参与観察は結果的に、コンテクスチュアルインクワイアリー[7]とほぼ同じ形式になる。
　②非参与観察
　ユーザーが観察者を意識していない形式である。ユーザーとシステムの自然なインタラクションをありのまま捉えるのに適するが、観察したユーザーの行

動や文脈、状況の意味を理解していなければ解釈できない。

(4) 間接観察

観察者が現場に直接入らず、ビデオカメラなどでデータを採取する形式である。ユーザーが観察者を意識しにくいため、自然な行動を捉えられる可能性があること、長時間の観察データを得やすいことなどが特徴である。

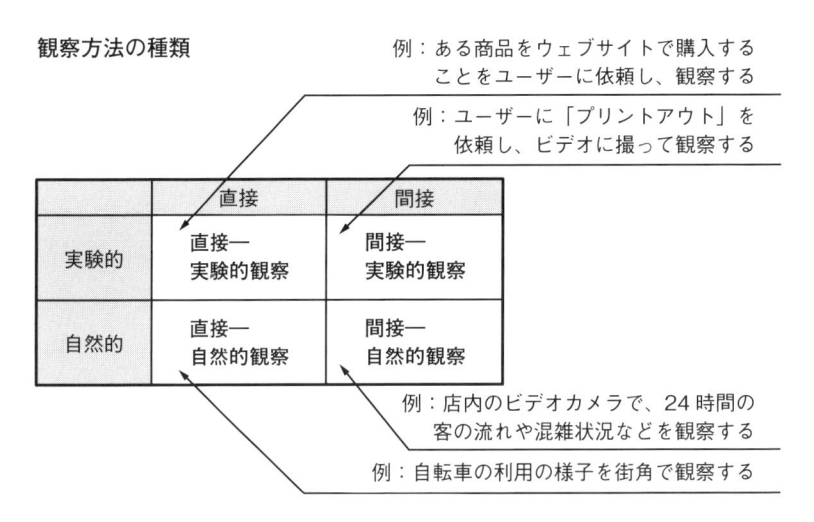

観察方法の種類

	直接	間接
実験的	直接―実験的観察	間接―実験的観察
自然的	直接―自然的観察	間接―自然的観察

例：ある商品をウェブサイトで購入することをユーザーに依頼し、観察する

例：ユーザーに「プリントアウト」を依頼し、ビデオに撮って観察する

例：店内のビデオカメラで、24時間の客の流れや混雑状況などを観察する

例：自転車の利用の様子を街角で観察する

直接―自然的観察のバリエーション

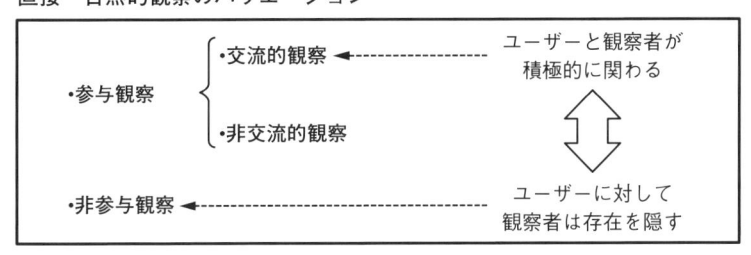

- 参与観察
  - 交流的観察 ← ユーザーと観察者が積極的に関わる
  - 非交流的観察
- 非参与観察 ← ユーザーに対して観察者は存在を隠す

直接観察と間接観察のメリットとデメリット

	直接観察	間接観察
メリット	現場の様々な情報を得やすい その場で質問し詳しく把握しやすい	長時間のデータを得やすい 自然な言動を観察しやすい
デメリット	被観察者が意識することで、自然な言動を得られないおそれがある	得られる情報が、音声と画角内の視覚情報に限られる

図4.2.3　観察方法の種類

4.2 B（2）観察の準備と実践

（1）観察対象のシステムとユーザーについての知識

観察に先立ち、ユーザーが扱う製品やサービスや行っている事柄などについて、観察者はユーザーと話ができる程度の知識を持つ必要がある。知識がなければ起こっている事柄を理解できず、質問してもユーザーからの返答内容を理解できないおそれがあるからである。特に業務用システムの場合は、専門知識をある程度身に着けておくことが必要である。

（2）ラポール（親和関係）の構築

観察現場ではまず、ユーザーとのラポールの構築が必要である。観察目的を伝えるのはもちろん、雑談のような会話をして緊張をほぐすことで、ユーザーの普段どおりの言動を観察しやすくなる。

（3）偏見のないニュートラルな意識

観察時には偏見のない意識を持つことが重要である。私達は自分自身の心のフィルタを通して他者や外界を見ているが[8]、このフィルタが強く働くと、取り入れる情報を無意識に絞ったり、ユーザーと異なる解釈・判断をするおそれがある。また、何か問題に気づいたとき、すぐに原因を決め付けてしまうことも避けなければならない。

（4）着眼点

観察対象には、ユーザーの言動、ユーザーとインタラクションするシステム全般の状態や時間的な変化、物理的環境と雰囲気、その他の状況など、幅広い事柄が含まれる。そのため、着眼点をある程度定めておくと観察しやすい。HMIの5側面、ユーザーが行動や判断をするきっかけや材料になったことから、ミスを防ぐための措置、行動の頻度を物語る痕跡、作業の順序などに着目するとよい。また、その場に在ってもよいはずなのに無いものを発見すると、

有益な情報につながることがある。

(5) 観察された事柄の解釈

物理的な環境とユーザーの行動の流れなどの全体像をまず把握し、深く理解すべきと気づいた事柄の詳細を観察する。それぞれを単体としてではなく、全体の状況や文脈の中に位置付けて解釈することが大切である。

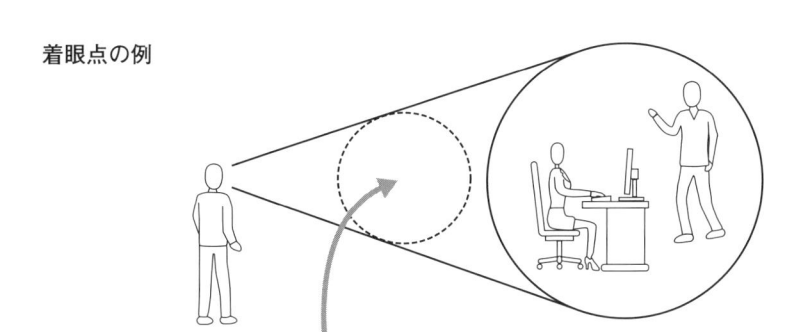

着眼点の例

・身体的状態	姿勢・動きと静止・行動の速さ・くせ・身体的負荷など
・心理的状態	顔の表情・言動・しぐさ・精神的負荷など
・時間的側面	移動期間・時間帯・曜日・季節・メンテナンスサイクルなど
・空間的側面	モノの配置・人の動線・移動距離・人やモノの密度など
・モノ	形態・サイズ・消費量・ストック量など
・判断や行動	順序・依頼書・経験則・シグニファイア・ステレオタイプなど
・痕跡	利用頻度・経過時間など
・コミュニケーション	手段・頻度・所要時間・態度・人数など
・注意書き	内容・場所・経過時間・重要度・対象者など

実施時の注意点
- 偏見を持たない
- 全ての事象を素直に受け入れる
- 対象者の行動の理由を先入観で決め付けない
- 行動や起こった事象の理由を質問する
- 分からないことは質問する
- 表情やしぐさなどに注目する
- 対象者の心理に共感する

図 4.2.4　観察の準備と実践

4.2　B（3）ユーザーの価値感の把握

　ユーザーの価値観を把握すると、潜在的要求事項を抽出しやすくなる。観察などの調査では、明らかな問題と認識されないことがらが多く見られる。しかし、それらの背後にはユーザーの価値観がある。ユーザーの価値観はもちろんユーザーの内面にあるため、外部からは観察しにくく潜在的要求事項の源になっている。観察した事柄を出発点にしてユーザーの価値観を把握することは、潜在的要求事項を抽出する有効な手段である。

（1）ユーザーの価値観の探索方法

　観察された事柄について「なぜ○○なのか？」とユーザーへ理由を質問し、その答に対して更に理由を求める質問を繰り返す。ユーザーの意思や感情を引き出すようにする。「あなたは」や「～したい」という言葉を質問に含めることによって、ユーザーの思いが返答されるように誘導するとよい。その答に対して更に理由を質問し、返答内容をボトムアップ式に階層化する。最下層は観察された事柄なので価値感ではないが、上位の階層はユーザーの価値感を示す。上位階層の内容に対して、「どうすれば実現するか」と質問することにより、手段を導出するための情報を得ることもできよう。これらの作業は調査者やデザイナーが推測で行う場合もあるが、判断材料をあらかじめ持っていることやユーザーの思いをおおむね理解できていることが前提である。もし不十分な状態で行えば、的の外れた推測になりかねないので注意する。

（2）ユーザーの価値観を探索する必要性

　ユーザーの価値観を出発点とすると、本質的な解決のための要求事項を抽出しやすい。逆に、観察された事柄だけを見ていても要求事項は抽出できない。例えば、キャスター付きの台にプリンタが載っているのを観察すれば、プリンタを移動できることは分かる。しかし、「移動可能なプリンタ」という事柄だけを捉えても要求事項は取得しにくい。移動可能にした理由を知ることが必要で

4.2 B（3）ユーザーの価値感の把握

ある。ユーザーの価値観は、何を問題とし、何を問題としないかをユーザーが判断する基盤である。ユーザーの価値観を探索し、これに基づくことで潜在的要求事項を抽出しやすくなる。

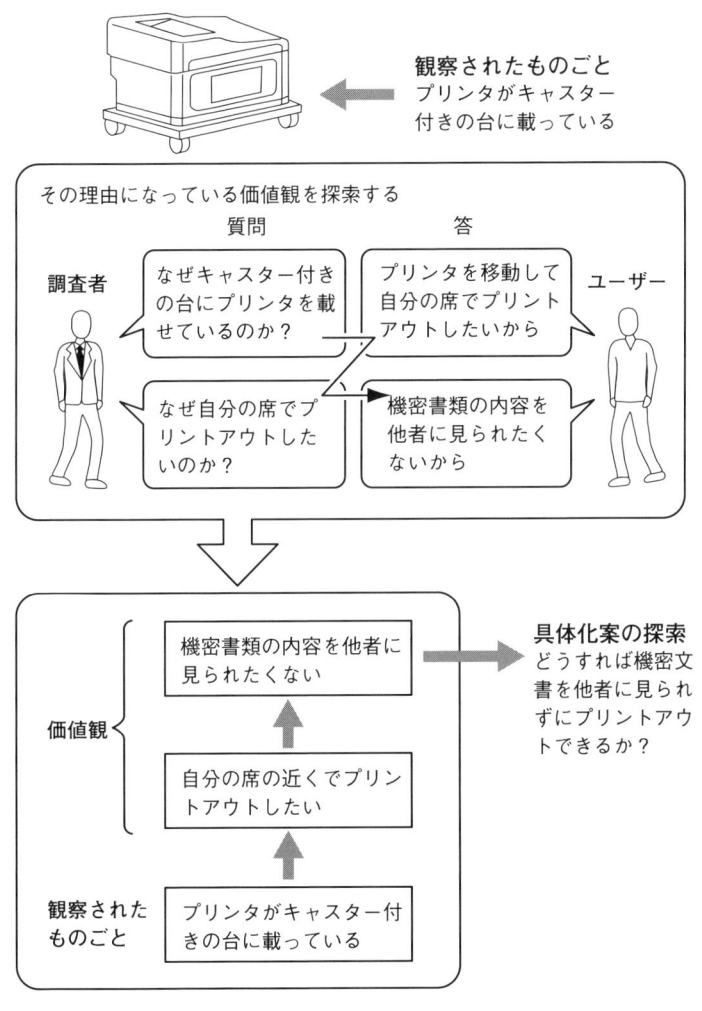

図 4.2.5　価値観の把握

4.2 C(1) 要求事項抽出方法の選び方

　汎用システムデザインでは、ユーザーのアクティビティとタスク、心理的状態に着目して要求事項を抽出する。目的を達成するためにユーザーが取る具体的なタスクやアクションの内容は、制約や状況、システムの仕様などによって異なる[9]、[10]。タスクに着目することによって、問題や問題の種になる事柄と原因を発見しやすくなる。

(1) 3ポイントタスク分析が適すケース

　ユーザーがいる環境などの条件を考慮する必要がなく、ユーザーとシステムのインタラクションが焦点の場合は、3ポイントタスク分析が適切である。具体的なインタラクションの過程における問題を発見するため、操作の手順と操作デバイスの種類や仕様が明らかであれば、要求事項を詳細に抽出しやすい。

(2) 5ポイントタスク分析が適すケース

　環境的側面や運用的側面など、HMIの5側面における要求事項を演繹的に抽出したい場合に適す。プロダクト、GUI、空間、サービスなどのデザインに対して幅広く適用できる。既存システムに対してだけでなく、まだ詳細が定まっていない新規システムのデザイン段階で、要求事項をデザイナー自身が探索する場合にも適する。システムの仕様が曖昧な状態でも利用しやすいが、この場合に抽出できる要求事項は抽象的な内容になる。

(3) プロセス状況テーブル（ProST）が適すケース

　前述の2種類のタスク分析とは異なり、タスクごとの状況に着目して要求事項を抽出する方法である。デザインしようとする新規システムにおけるユーザーの利用の様子をイメージして記述し要求事項を抽出する。HMIの5側面に類する内容に加え、ユーザーが各タスクを実施する際の心理的状態（感性的な要素）や前提・制約（暗黙的な内容が含まれやすい要素）に着目して要求事項を

4.2 C（1）要求事項抽出方法の選び方

抽出するのに適する。プロダクト、GUI、空間、サービスなどのデザインに対して幅広く適用できる。特に、アクティビティの途中でユーザーや利用場所が変わるなど複雑な利用をされるシステムのデザインに有効である。逆に、局所的で規模の小さな課題に対してはあまり適さない。

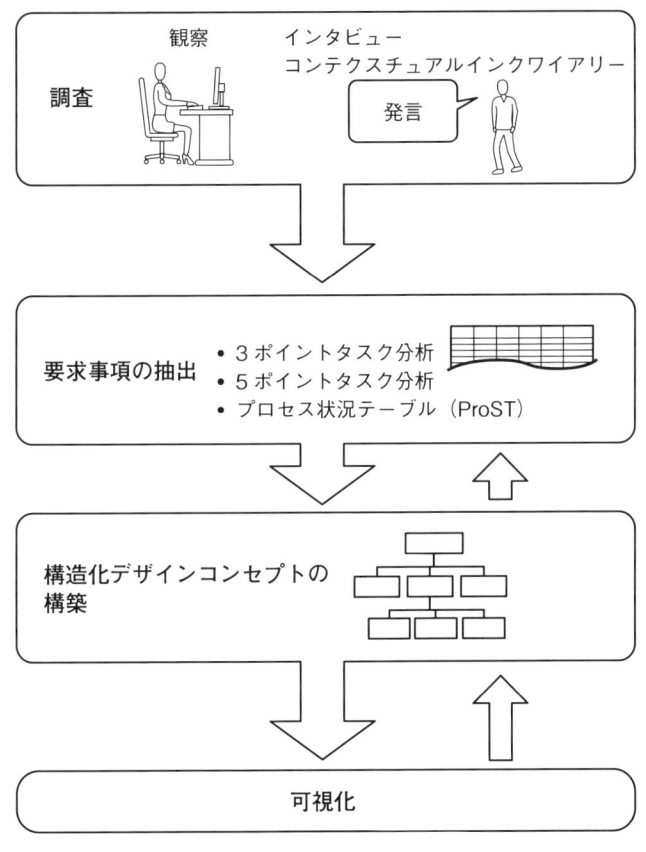

図 4.2.6　要求事項抽出の基本的な流れ

4.2 C（2）3ポイントタスク分析

　ユーザーとシステムのインタラクション上の問題発見を手軽にするため、人間の情報処理プロセスを「情報入手」、「理解・判断」、「操作」の3種類に簡略化して着眼点とする。ユーザーがシステムを操作する様子を観察して問題発見するのが基本だが、デザイナ自身が問題を発見してもよい。問題点に対して、すぐに実現できる現実的な解決案と、近未来に実現できそうな解決案を考案してタスクごとに記述する[11]。

(1) 手順の概要
　①シーンを設定する。ユーザーのアクティビティを観察した場合は、そのシーン（ユーザー・場所・時間帯・環境などの全体像）を記述する。新規システムでは、システムの概要などで定めた利用シーンをできるだけ具体的に想定する。
　②システムに対してユーザーが行うタスクを記述する。
　③「情報入手」→「理解・判断」→「操作」の流れの観点で、各タスクにおける問題を記述する。観察では限られたシーンのデータしか取得できないため、考慮すべきシーンが他にあれば想定して分析する。

(2) 問題発見の手掛かりの例
　a) 情報入手
　　①レイアウト、②視認性、③強調、④手掛かり、⑤マッピング
　b) 理解・判断
　　①用語、②シグニファイア（操作方法を自然に理解させる形態など）、③フィードバック、④手順、⑤一貫性、⑥メンタルモデル
　c) 操作
　　①操作部の位置／角度／形状、②要する力／時間／手間

(3) 適切なシーンの設定

問題発見のポイントは適切なシーンの設定にある。システムの種類により一概には言えないが、通常は5～8シーン程度を想定して分析する。

3ポイントタスク分析の例

シーン	早朝に自宅の庭で、デジタル一眼レフカメラで花を撮影する					
タスク (サブタスク)	問題点の抽出			解決案	
^	情報入手	理解・判断	操作	現実的解決案	近未来での解決案
カメラのパワーを入れる	・パワーのON/OFFがわからない	—	・回転スイッチの突起が小さくて指が滑りやすい	・スイッチの突起を大きくする	—
絞り優先露出モードにする	—	・ダイヤルの"A"の表示が「絞り優先露出モード」を意味すると分からないユーザーがある	—	・液晶画面に露出モードを文字表示する	・音声による操作
絞り値を調整する	・最少絞り値が見やすい所に表示されていない	—	・調整ダイヤルのクリックが固い	・液晶画面内に設定可能絞り値のスライダを表示して直接操作する ・ダイヤルをスムーズに回せるようにする	・レンズ側のカメラ接合部付近に、擦ることで絞りを変えるデバイスを装備する

問題を記述する →（全ての欄を埋める必要はない）

アイデア創出の7項目を参考に記述する

アイデア創出の7項目

1. システムの属性（構造、材質、使い勝手など）
2. 構成要素の種類と関係
3. ユーザーの生活全般
4. 事故防止やヒューマンエラー
5. 人間工学やユニバーサルデザイン
6. システムの周囲の環境
7. 同類のシステムや異なる種類のシステムとの比較

図4.2.7　3ポイントタスク分析の例

4.2 C（3）5ポイントタスク分析

　5ポイントタスク分析は、ユーザーが行う各タスクについて、HMI（Human Machine Interface）の5側面の観点から要求事項を抽出する方法である[12]。既存システムに対してだけでなく、新規システムのデザインにおいて、システムへの要求事項を演繹的に抽出する方法である[13]。

(1) 手順の概要
①利用シーンを記述する。既存システムの利用の様子を調査した場合は、ユーザー・ユーザーの目的・場所・時間帯・周囲の環境などを利用シーンとする。これからデザインする新規システムでは、システムの概要などで定めた利用シーンをできるだけ具体的に想定する。
②システムに対してユーザーが行うタスクを記述する。
③HMIの5側面の視点から、各タスクにおける要求事項を直接記述する。

(2) 問題発見と要求事項抽出の手掛かり　（詳細は1.2節を参照）

a）身体的側面
　　ユーザーの姿勢を基本に詳細化した3点から問題点を抽出する。
　①位置関係、②力学的側面、③接触面

b）頭脳的側面
　　ユーザーの情報入手、理解・判断における3点から問題点を抽出する。
　①メンタルモデル、②分かりやすさ、③見やすさ

c）時間的側面
　　ユーザーの費やす作業時間と休息時間を基本とする3点から問題点を抽出する。
　①作業時間、②休息時間、③反応時間

d）環境的側面
　　ユーザーがいる環境における下記の側面から問題点を抽出する。

①温度、湿度、気流、②照明、③騒音、振動、臭気

e) 運用的側面

ユーザーがシステムを利用する際の運用的な側面から問題点を抽出する。

①方針の明確化、②情報の共有化、③モチベーション

5ポイントタスク分析の例

シーン	夜遅く、駅から離れた場所にあるホテルのフロントでチェックインして部屋へ行く				
タスク	身体的側面	頭脳的側面	時間的側面	環境的側面	運用的側面
ホテルのフロントで所定の書類に記入する	・書くために最適なカウンタの高さ	—	・客の待ち時間をできるだけ少なくする	・書くために必要な照度	・予約時に入力があれば記入不要にあうる
部屋のカード鍵をもらう	—	—	・すみやかに	—	・人数分の枚数
エレベータを探す	—	・エレベータの位置をすぐに分かるように表示する	—	—	—
エレベータ呼出ボタンを押下する	・健常者と車椅子ユーザにとり押しやすい位置 ・目の不自由なユーザにとり分かりやすいボタン位置	・目の不自由なユーザにとり分かりやすいボタン表示（点字）	—	—	—
エレベータを待つ	—	—	・複数台のエレベータがばらばらに動き、各階の客ができるだけ均等の待ち時間で乗れるようにする	・大きい荷物を持つ複数の人が待機できる十分な広さ	・観葉植物や水槽などを付近に置き、待ち時間を紛らわせるようにする

HMIの5側面に対して
アイデア創出の7項目を参考にして、
想定したシーン以外も含め、要求事項を記述する

図4.2.8 5ポイントタスク分析の例

4.2　C（4）プロセス状況テーブル（ProST）を用いたタスク分析①

（1）ProST の概要

　プロセス状況テーブル（Process State Table：略して ProST）は、ユーザーがシステムを利用する際の様子を記述し分析するツールである。特に、複雑な利用をされる新規システムへの要求事項を抽出しやすい。フォームは、ユーザーのアクティビティを記す欄と、タスクと状況項目の内容を記すテーブル状の入力欄で構成される。ある目的を達成するためにユーザーが取るアクティビティについて、調査で取得したメモや写真などを参考に、タスクごとの状況を記述する[9]。

（2）状況項目

　テーブルの上部に挙げた状況項目は、状況を網羅的に把握して分析するために設けてある[14]。アクティビティの全てのタスクで内容が変わらない状況項目は省略して構わない。

①ユーザーに関する項目

・属性・嗜好性・認知特性：ユーザーを特定するための特性。

・身体的状態：ユーザーの姿勢や服装、眼鏡の装着状態など。

・心理的状態：ユーザーの喜びや不安の感情や願望などで、UX を高める潜在的な要求事項を得るための起点になりやすい[15]。各タスクを実行する際のユーザーの心理状態を推測して記述する。

②背景に関する項目

・時間的側面：時間帯、季節やタスクの処理に要する時間など。

・場所・空間的側面：場所・空間の広さ、明度、騒音、人やモノの密度など。

・前提・制約：タスクを存在させる理由や前提、状況を決定付けている理由・前提・法規・方針など。例えば「店のレジで並ぶ」タスクについては、「客が普段より多い」や「レジ係の店員が少ない」などが挙げられるだろう。

③システムに関する項目

4.2 C (4) プロセス状況テーブル (ProST) を用いたタスク分析①

・要求事項：タスクの実行においてシステムが備えるべき性質や仕組みなど。

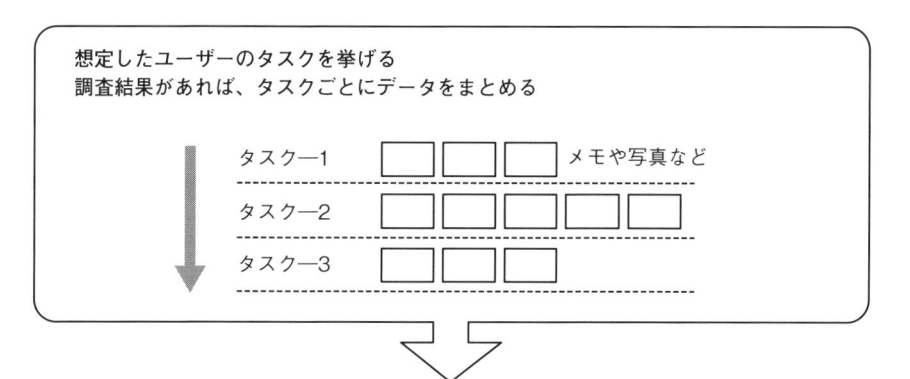

想定したユーザーのタスクを挙げる
調査結果があれば、タスクごとにデータをまとめる

タスク—1　□ □ □　メモや写真など
タスク—2　□ □ □ □ □
タスク—3　□ □ □

状況項目別に整理して記述

ProST の例

アクティビティ	東京スカイツリーまでの交通手段の所要時間と運賃をネットで調べる

タスク	①ユーザーに関する項目			②背景に関する項目			
	属性・嗜好性・認知特性	身体的状態	心理的状態	時間的側面	場所・空間的側面	前提・
検索に必要な情報を入力する	・20歳の学生 神奈川県在住 一人で行くのは初めて	・デスクトップPCの前に座っている	・楽しみや期待とともに少し不安 ・家の近くのどの駅から乗ると最も安く着けるか気になる	・夜10時	・自宅	タスクをさせるや前提ときの決定いる提・法針など

…に関する項目		③システムに関する項目
所・的側面	前提・制約	要求事項
	・自宅近くに複数の駅がある ・自転車で途中まで行ってもよい	・複数の駅からの最安値運賃を一覧表示 ・地図上で駅を指定できる ・最初に「目的地」を1つ指定し、次に複数の乗車駅を指定する ・時間を指定しなくても検索できる

図 4.2.9　ProST を用いたタスク分析の例

83

4.2　C（5）プロセス状況テーブル（ProST）を用いたタスク分析②

(1) 手順の概要

①アクティビティには、汎用システムデザインの冒頭に決めた「目的・目標」から想定されるユーザーのアクティビティを記述する。

②アクティビティの実施に必要なタスクを、あまり細かくない粒度で仮に想定し、仮の順序で並べる。

③状況項目のいくつかの内容には、システムの概要などで定めた内容を記述することを基本とする。

④内容が定まっていないため記述できない状況項目は、同じタスクや他のタスクの状況と整合し、現実に成立し得る内容を考案して記述する。

⑤その状況全体が成立するためにシステムが備えるべき事柄を要求事項としてタスクごとに記述する。

⑥記述した状況の内容やイメージされる利用の様子の全体を改めて検討し、必要に応じてタスクの内容と順序を修正する。

⑦修正されたタスクの内容と順序に整合するように状況全体を編集する。

⑧修正されたタスクの内容、順序、状況が成立するためにシステムが備えるべき事柄を要求事項とする。

(2) 記述時の留意点

①タスクレベルの設定

　記述するタスクレベルは課題の大きさに応じて決めるが、状況を分析の観点とするため、タスクが変わっても状況変化がほとんどない細かい粒度のタスクは不適切である。例えば「紙伝票のIDを読む」、「IDの3桁を打つ」などのレベルは避ける。ProSTでは「ユーザーの受注業務」といった少し大きな課題を対象として、「紙伝票を受け取る」、「紙伝票の内容をデータと照会する」など、少し粒度の大きなレベルのタスクが適切である。

②タスクの記述順序

4.2 C（5）プロセス状況テーブル（ProST）を用いたタスク分析②

　実行された順にタスクを並べるのが基本であるが、ユーザーが行う順序が不定のタスクもある。その場合は順序とは無関係に記述し、タスクの並び順が実行順序を表さないことを記しておく。

ProST の例

アクティビティ	明日は出張するので、普段より早く起床する					
タスク	①ユーザに関する項目			②背景に関する項目		
	属性・嗜好性・認知特性	身体的状態	心理的状態	時間的側面	場所・空間的側面	前提・制約
・アラーム時刻をセットし、アラーム機能もONにする	・40歳ビジネスマン ・出張はほとんどない ・普段は目覚まし時計を使わない	・強い近眼で普段はメガネをしている ・就寝前なのでメガネは外している	・セット時刻を間違えないか少し不安 ・忘れないうちに早くやってしまいたい	・就寝前いつでも	・居間 ・普通に明るい	・思いついた時にセットしないと忘れてしまう ・居間にいるときはメガネをしている
・起床してアラームを止める	同上	同上	・時計はどこだ? ・少し慌てる	・起床時刻〈早朝〉	・寝室 ・照明なし ・カーテンによって外光はあまり入らない	・時計の時刻は正確 ・アラームをストップは寝室で行う ・就寝中に電池が消耗しない

③システムに関する項目
要求事項
・寝室以外からアラームがセットできる ・アラームの ON/OFF 状態が一目で分かる ・アラーム時刻をセットすると自動的にアラームONになる
・ユーザーの行動の邪魔にならない ・踏んで壊れたりしない ・確実に起床するために、ベッドから出ないとアラームを止められない ・暗い環境でもアラームを止める操作ができる

- いくつかの主要なアクティビティや検討を要するアクティビティについて記述し、要求事項の抜けを防ぐ。
- システムの概要で想定した利用状況に加え、特殊な利用状況を想定すると、潜在的な要求事項を抽出しやすくなる。

図 4.2.10　ProST を用いたタスク分析の例

4.2 C（6）問題定義と分析

　問題定義とは、問題を構成する諸要素を発見してそれらの関係性を把握し、問題の全体像をつかむことである。調査で発見された問題は「その場面でうまく行かなかった事柄」でしかない。解決案を考案する前に問題を正しく定義することが大切である。定義された問題に対して要求事項を抽出するのである。問題定義を行うことにより、表層的な問題に目を奪われて全体整合に欠ける解決策や、効果的でない解決策を作ってしまうのを避けることができる[17]。

(1) 原因の探索

　表層的な問題の奥に潜む本質的な原因をつかむためには、その問題がなぜ生じたのか考えることが基本である。問題の原因はそのときの状況や文脈の中に複数存在し、相互に関係して複雑である。そのため、次のように問題を分割すると解決すべき事柄を発見しやすくなり、有効な要求事項を抽出しやすくなる。
①原因と推定されるものごと、および②その影響
　例：「タッチスクリーンボタンのミスタッチ」という問題に対しては、「パネル上のボタン」が「触覚で位置やサイズを確認できないこと」や「車での移動中で振動が激しい」ので、「指先が安定しにくいこと」などに分割できる。
③問題と関係する利用状況
　例：「操作に習熟していないユーザー」に限って生じる問題であれば、「ユーザーの習熟度」が問題の発生に関係している。
　表層的な問題に対してこうした分析を行い、問題を定義する。

(2) 要求事項の抽出

　①原因と推定されるものごと自体をなくす
　　例：「パネル上のボタン」に対して「指を使わない操作」。
　②原因と推定されるものごとの影響をなくす
　　例：「位置やサイズを触覚で確認できない」影響に対して、「表面に凹凸が

あるタッチスクリーンパネル」。
③問題と関係する状況を変える
　例：「習熟していないユーザー」という状況に対して、「トレーニングを店舗で行って習熟してもらう」。

問題発生

タッチスクリーンボタンのミスタッチ

どうすれば良いか

原因探索

原因と推定されるものごと	影響
・パネル上のボタン	位置やサイズを触覚で確認できない
・車で移動中の振動	指先が安定しにくい
:	:

問題定義
- ものごと
- 影響
- 関係する状況
  - ユーザーの属性
  - 場所・時間
  - 技術・経済的制約など

要求事項

指を使わない操作　　凹凸があるタッチスクリーン

　ダイヤル操作　　　店舗でのトレーニング　　…

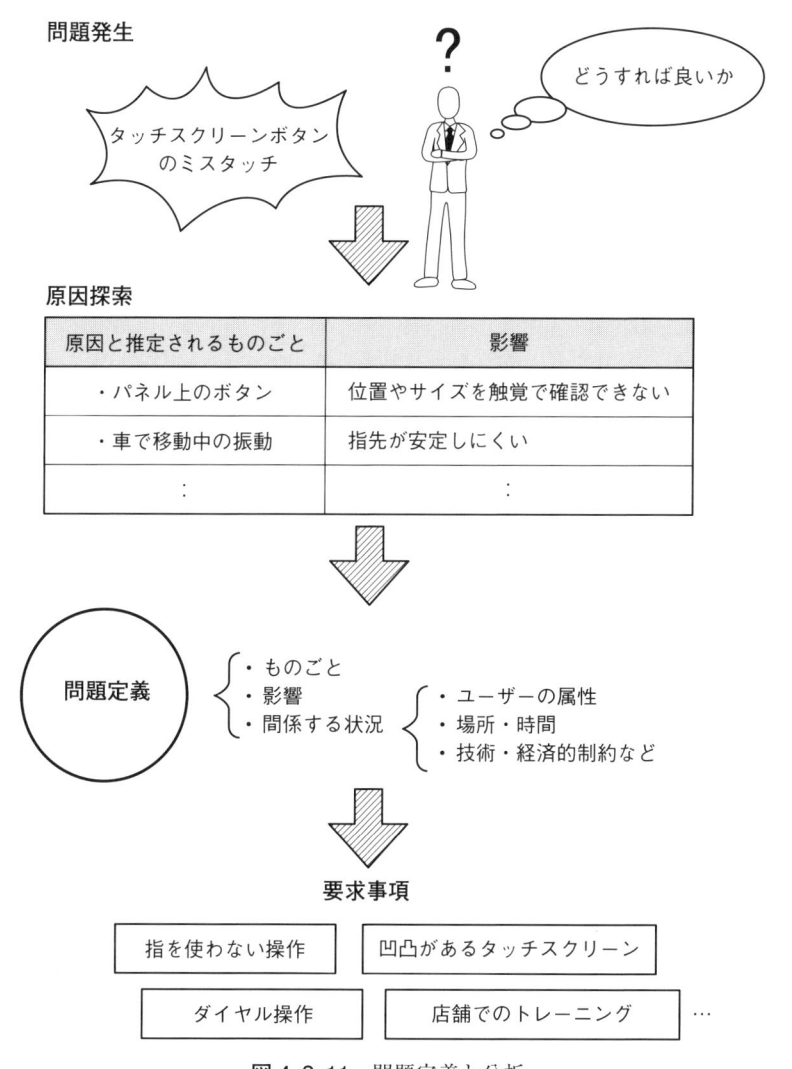

図4.2.11　問題定義と分析

4.2　C（7）評価グリッド法

　要求事項にはユーザーの価値感から生じるものがある。例えばユーザーの年齢に合った落ち着きのある色合いや個性をアピールできる外観などである。評価グリッド法は複数のサンプルについて対象者へインタビューして評価し、その返答内容から対象者が持つ評価構造を把握するための方法である。価値観から具体的内容まで階層的に示すことができる[18]、[19]。

(1) 手順の概要
①まずサンプル２種類を対象者一人ずつに個別に提示する。提示するサンプルは、違いがある程度分かりやすいものが望ましい。
②対象者はそれを見たり、触れたり、利用したりして比較する。対象者がサンプルと行うコンタクトの内容は一定にする。
③対象者にサンプルの優劣を判断し理由を述べてもらい、挙げられた理由を中位概念（評価項目）とする。以上の作業を他のサンプルについても行う。サンプル比較は総当たりとする。例えば5種類のサンプルがあれば10通りの比較をする。対象者は想定する購入者層やユーザー層の10人以上を目安とする。
④次に、対象者自身が返答した中位概念のそれぞれについて、上位概念（価値観）と下位概念（具体的内容）を導出するための質問をする。これをラダリングという。「なぜ（○○）が良いのか？」の返答は上位概念になり、「どうであれば（○○）が実現すると思うか？」の返答は下位概念になる。
⑤対象者ごとのデータを3階層の構造図で表し、次に全対象者の構造図を統合する。このとき、ある対象者の下位概念の更に下位の具体的内容が別の対象者の図にある場合がある。その場合はその関係に従った階層構造を記述する。

(2) 注意点
　評価グリッド法では対象者の返答内容が評価構造の要素となる。そのため対象者が答を明確に述べやすい種類の製品（車や趣味性の強い製品など）に対し

ては有効だが、逆にあまり理由もなく感覚的に選ばれることが多い製品（コモディティ化した品など）では返答内容が曖昧で利用しにくい場合がある。

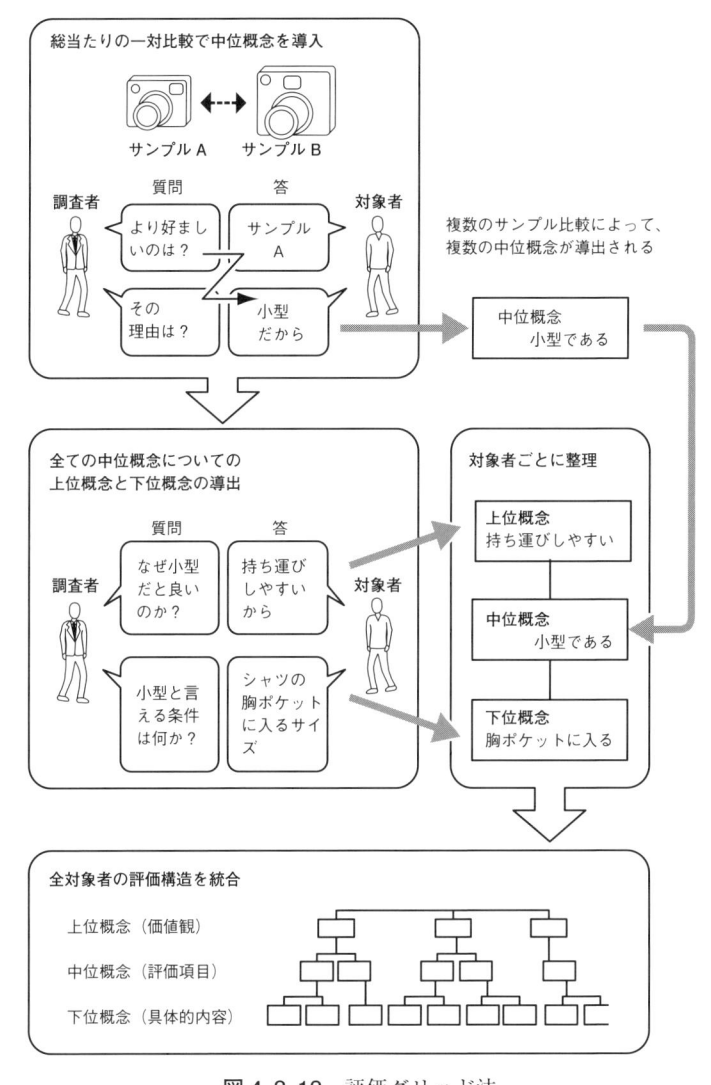

図 4.2.12　評価グリッド法

4.3 (1) システムとユーザーの明確化

　システムとユーザーの明確化は、2種類のフォーマットを用いて、「デザインの対象」となるシステムとユーザーの両側面を明確にする。

(1) システムとユーザーを明確にする必要性

　構造化デザインコンセプトにより「デザインの方針」が明確になるが、それを実現するためのシステムやユーザーが明確にならなければ可視化や検証は難しい。例えば、機器のユーザインタフェースをデザインする際、画面サイズが明確になっていなければ画面レイアウトを検討できない。ユーザーの属性が不明確な場合も同様である。そのため、デザイン案を作成する前に、対象となるシステムとユーザーを明確にしておく必要がある。

(2) 明確化する利点

　システムとユーザーに関する内容を明確にする利点は下記3つである。
①可視化する際の条件が明確になる。
②デザイン案の評価や検証がしやすい。
　操作性の問題が見つかった場合、その問題が"画面サイズの問題なのか""入力デバイスの問題なのか"などの「問題の個所」を特定しやすい。
③過去に開発したデザインと比較しやすい。
　開発したデザインに関するシステムとユーザーを明確にしておくことにより、次期モデルをデザインする際の比較検討が行いやすい。

(3) 明確にする項目について

　対象となるシステムとそれを使用するユーザーの2つの側面から項目を記載する。明確にした項目は"可視化の前段階"と"可視化の途中段階"で、アイデアの根拠と方向の正しさを確認するためにも有効である。可視化の前段階では、記述した項目に基づいたGUIパーツを選定し、デザイン案を検討する。可

4.3 （1）システムとユーザーの明確化

視化の途中段階で、操作性やインタラクションに関する問題が生じた場合は、項目の一部を変更し、再度デザイン案を検討する。

■**構造化デザインコンセプト**
→「デザインの方針」を明確にし、デザインの方向づけを行う。

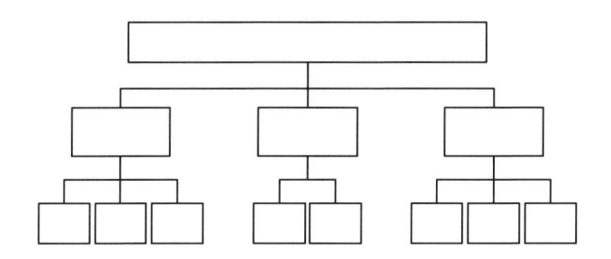

■**システムとユーザーを明確化**
→「デザインの対称」をシステムとユーザーの両側面を明確にする。

▼システムの明確化

基本情報	システムの目的	（目的と目標の決定したものを記述する）
	システムの目標	
	システム全体図	（システム計画で作成した全体図を記述する）
詳細情報（全体）	機能性	複雑にならないよう、基本的な機能を中心に設計する
	信頼性	定期的にメンテナンスをし、故障を防ぐ。故障の際も迅速に対応できる仕組みにしておく。
	拡張性	上映時間の変更や中止などの更新も可能とする。
	効率性	設置台数が限られているため、スピーディに操作できるようにする。
	安全性（省略）	
	ユーザビリティ	子どもやお年寄りでも操作可能にする。
	楽しさ	アニメーションで楽しい気分を感じさせる。
	費用（省略）	
	生産性（省略）	
	メンテナンス	故障した場合は、窓口で対応できるようにする。
	その他	
詳細情報（機械）	機械の属性	□汎用　☑専用
	入力デバイス	□キーボード　□マウス ☑タッチパネル　□その他（　）
	出力デバイス	☑ディスプレイ □6インチ未満、□6-12インチ、☑12インチ以上 □その他（　）
	使用環境	□屋内　☑屋外　□その他（　）
	使用時間	10分程度
	機能系統図	（次のページに図で示した）
	その他	

▼ユーザーの明確化

記述対象ユーザ	☑メインユーザ（受験生）／□サブユーザ（大学生） □その他（プロジェクト関係者）	
基本情報	年齢	15-18才
	性別	男女
	職業	学生（高校生）
	在住地域	日本
	その他	大学について、詳しく調べている。
詳細情報	経験、習熟度	携帯やPCなどの情報機器の操作には慣れている。
	メンタルモデル	表示や用語の理解： 簡単な英単語は理解できる。 操作手順やシステムの構造の理解： 大学地域連携プロジェクトの全体像はよく分かっていない。
	性格	直感的に物事を判断しがちである。
	生活スタイル	受験勉強を中心とした忙しい生活を送っている。
	その他	

図4.3.1　システムとユーザーの明確化

4.3　(2) システムの明確化①

　対象システムを明確にするため、システムの"基本情報"、"詳細情報（全体）"と"詳細情報（機械）"について記述する。

(1) 基本情報を記述する

　システムの概要で検討した項目を記述する。記述した「目的」と「目標」、システム計画によって得られた「システムの全体図」を記述する。

(2) 詳細情報（全体）を記述する

　基本情報やユーザーの要求事項などを参考にしながら、システム全体についての詳細な情報を記述し、仕様を具体化させる。以下の項目のうち、記述可能な項目を記述する。

　①機能性：機能面で優れている点や特徴的な機能を記述する。
　②信頼性：ユーザーと信頼関係を持てる要素に関する項目を記述する。
　③拡張性：開発後の拡張方法に関する項目を記述する。
　④効率性：操作において、効率的に優れている点を記述する。
　⑤安全性：警告表示などのユーザーを保護する要素に関する項目を記述する。
　⑥ユーザビリティ：使いやすさや操作性に関する項目を記述する。
　⑦楽しさ：ユーザーが操作して楽しいと感じる要素について記述する。
　⑧費用：ユーザーに対し、コスト面で配慮している点について記述する。
　⑨生産性：どれだけ多くのことを行えるかについて記述する。
　⑩メンテナンス：エラーなどが起こったときの配慮に関する項目を記述する。

(3) 詳細情報（機械）を記述する

　基本情報やユーザーの要求事項などを参考にしながら、システムにおける機械の詳細な情報を記述し、仕様を具体化させる。記述項目としては、機械の属性、入力デバイス、出力デバイス、使用時間、機能系統図、その他がある。こ

れらは設計対象に合わせてカスタマイズ可能である。

システムを構成する機能の体系を記述する機能系統図については図 4.3.3 に紹介する。

基本情報	システムの目的	（目的と目標の決定したものを記述する）
	システムの目標	
	システム全体図	（システム計画で作成した全体図を記述する）
詳細情報 （全体）	機能性	複雑にならないよう、 基本的な機能を中心に設計する
	信頼性	定期的にメンテナンスをし、故障を防ぐ。 故障の際も迅速に対応できる仕組みにしておく。
	拡張性	上映時間の変更や中止などの更新も可能とする。
	効率性	設置台数が限られているため、 スピーディに操作できるようにする。
	安全性	（省略）
	ユーザビリティ	子どもやお年寄りでも操作可能にする。
	楽しさ	アニメーションで楽しい気分を感じさせる。
	費用	（省略）
	生産性	（省略）
	メンテナンス	故障した場合は、窓口で対応できうるようにする。
	その他	
詳細情報 （機械）	機械の属性	□汎用　　　　　　☑専用
	入力デバイス	□キーボード　　□マウス ☑タッチパネル　□その他（　　　　）
	出力デバイス	☑ディスプレイ （□6 インチ未満、□6-12 インチ、☑12 インチ以上） □その他（　　　　）
	使用環境	□屋内　☑屋外　□その他（　　　　）
	使用時間	10 分程度
	機能系統図	（図 4.3.3 に示した）
	その他	

図 4.3.2　システムの明確化の例（映画館のチケット券売機）

4.3　(3) システムの明確化②

(4) システムが保有する機能の明確化

　対象のシステムが保有する機能（情報）の構造を明確にする方法として、機能系統図[24]を作成する（図4.3.3）。機能系統図は、それぞれの機能の関係を図示する手法である。この手法により、システム全体の機能が把握しやすくなる。ユーザインタフェースのデザインを作成する際、各画面に提示する情報を分類する際にも参考になる。下記の流れで作成する。

①システムが提供する機能の定義

　システムが提供する機能を定義する。システム計画で記述した制約条件、前提条件で記述した性能、仕様などを参考にして機能定義する。機能定義は「○○は、××する」などの「主語‐述語」で記述する。例えば、ショッピングモールの案内画面を想定した場合、「"店舗"を"案内"する」「"地図"を"表示"する」などの機能定義が考えられる。システム本来の機能から分解していくと作成しやすい。システムが保有する機能の数が多い場合は、最初に大きな粒度の機能を作成し、段階的に詳細な機能用語を作成していくとよい。

②機能用語の体系化

　定義された機能を体系化、構造化するため、機能を"目的"と"手段"に関連づけて整理する。作成手順は2通りある。1つは、機能からその手段となる機能を展開していく方法である。例えば、「店舗を案内する」という目的に対し「地図を表示する」が手段となり、「地図を表示する」の手段が「1階を表示する」「2階地図を表示する」となる。もう1つは、関連する機能をまとめ、それらの機能の目的を考えていく方法である。

③機能定義の追加・修正

　体系化された機能用語を元に、"不足している機能"、"重複機能"や"余剰機能"について検討する。検討結果は、操作画面の情報構造と直結することが多い。機能系統図を作成することにより、操作手順（フロー）や階層構造も検討しやすくなる。

4.3 (3) システムの明確化②

	費用	設置スペース...
	生産性	連続してチケット購入できるようにする
	メンテナンス	故障した場合は、窓口で同様の対応を行う
使用環境	□自宅 □会社 □公共の場 ■屋外、商業施設	
使用時間	10分以内で操作完了	
機能系統図		

機能系統図:
- チケットを購入する
  - 日時を選択する → 時間を選択する
  - 分野を選択する → 映画を選択する
  - 人数を決定する
    - 大人用を購入する
    - 学生用を購入する
    - 子ども用を購入する

機能定義は 主語 と 述語 で記述する

・「○○」で「××」する
・「○○」を「××」する
・「○○」に「××」する

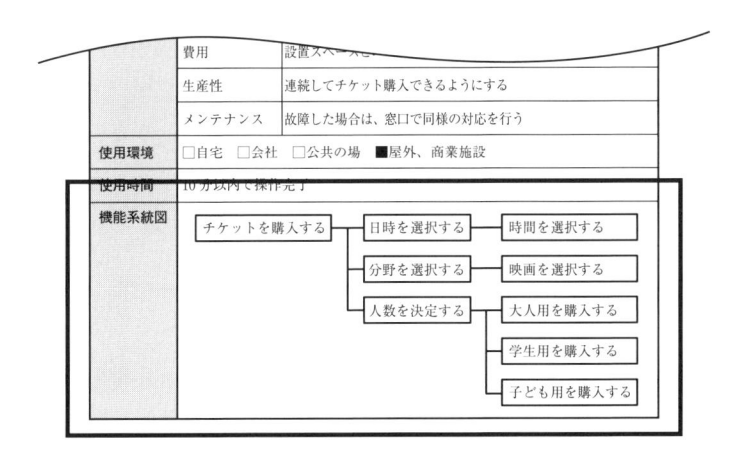

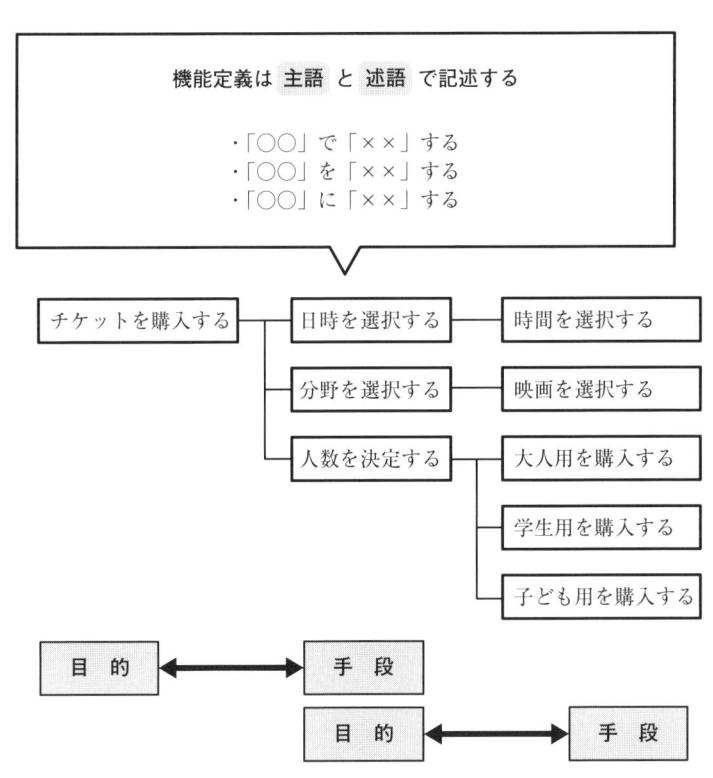

- チケットを購入する
  - 日時を選択する → 時間を選択する
  - 分野を選択する → 映画を選択する
  - 人数を決定する
    - 大人用を購入する
    - 学生用を購入する
    - 子ども用を購入する

目的 ⇔ 手段

　　　　目的 ⇔ 手段

図4.3.3　機能系統図の作成

4.3 (4) ユーザーの明確化

　デザインの対象となるユーザーを明確にするため、ユーザーの"基本情報"や"詳細情報"を記述する。複数の対象ユーザーが想定される場合は、メインユーザーとサブユーザーを設定する。なお、項目はカスタマイズ可能で、デザインの対象に合わせて項目を追加／削除する。

　ユーザー属性を記述する代表的な方法として、ペルソナ手法[17]がある。ユーザーの生活スタイル、経験・習熟度や職業などを詳細に記述し、ターゲットユーザー（ペルソナ）を具体化する方法である。それに対し、本手法ではターゲットユーザーを抽象化することにより、幅広いユーザー像を想定できる。

(1) 記述対象ユーザーを記入する

　記述対象のユーザーを記入する。メインユーザー、サブユーザー、その他からユーザーのターゲットを設定し、ユーザーごとにフォーマットを用意する。

(2) 基本情報を記入する

　年齢、性別、職業、在住地域、その他などから、ユーザーの基本的な情報を明確にしていく。

(3) 詳細情報を記入する

　経験、習熟度、メンタルモデル、性格、生活スタイルなどから、ユーザーの詳細な情報を明確にしていく。

　①ユーザーのメンタルモデル

　「メンタルモデル」では、ユーザーのメンタルモデルを下記の2種類のモデルに分けて記述する。厳密に記述するのは困難なので、概要でよい。

　a) 表示や用語の理解：画面の表示や用語が理解できる範囲を記述する。
　b) 操作手順やシステムの構造の理解：
　　　経験や知識から類推できる操作手順やシステムの構造の範囲を記述する。

②性格

内向的 - 外交的、現実的 - 直感的、思考的 - 感情的、規範的 - 柔軟的、といった項目を参考にしながら、性格を記述する。

記述対象ユーザー	\☑メインユーザー（受験生） ／ □サブユーザー（大学生） □その他（プロジェクト関係者）	
基本情報	年齢	15-18才
	性別	男女
	職業	学生（高校生）
	在住地域	日本
	その他	大学について、詳しく調べている。
詳細情報	経験、習熟度	携帯やPCなどの情報機器の操作には慣れている。
	メンタルモデル	**表示や用語の理解：** 簡単な英単語は理解できる。 **操作手順やシステムの構造の理解：** 大学地域連携プロジェクトの全体像はよく分かっていない。
	性格	直感的に物事を判断しがちである。
	生活スタイル	受験勉強を中心とした忙しい生活を送っている。
	その他	

図4.3.4 ユーザの明確化の例（映画館のチケット券売機）

4.4 (1) 構造化デザインコンセプトとは

(1) コンセプトの重要性

　コンセプトは、画面や情報の方針を決める重要なものである。しかし、製品開発の現場では、コンセプトを作成せず開発されていることも多い。コンセプトがあいまいなまま開発すると、検討内容が紆余曲折し、デザイン案が収束しにくい。また、当初に想定していた内容とは大きく異なった仕様で開発が進んでいても、メンバーは気づきにくい。気づいたときには軌道修正が難しい場合も多い。コンセプトを作成する場合であっても、通常は数行の文章で表現することが多い。この数行のコンセプトを基に、メンバー間でのやり取りを何度も繰り返して詳細な仕様を決めていく。この方法は、アイデア創出の自由度が高いという利点があるが、下記の問題がある。

①方向性が定まらないまま検討を繰り返すため、決定に時間が掛かる。
②優先すべき項目の判断が難しい。
③メンバー間で明確な情報を共有化しにくい。

　上記の問題を解決する方法として、厳密にコンセプトを構築する方法を述べる。コンセプトが明確であれば、方針がはっきりする上、デザイン案の検証も行いやすい。デザイン案に問題があった場合、何が原因で、何を改善すれば何が変化するかも確認しやすい。

(2) 構造化デザインコンセプト[19]の特徴

　構造化デザインコンセプトは、コンセプトを厳密に決めることができる手法である。この方法は、複数の項目を両立できない問題が生じても、優先順位が決まっているため解決できる。

(3) 構造化デザインコンセプトの構築方法

　トップダウン方式とボトムアップ方式の2通りの手順で構築可能である。対象となる製品や企業理念、製品戦略などの違いにより使い分けができるように

なっている。

コンセプトが厳密に決まっていない場合

- 誰にとって安心？
- 安心ってどういうこと？
- 安心と効率を両立できない場合は？
- 安心と効率のどっちを重視するの？

快適で安心して操作でき、運用効率が良い

- 運用効率は何を重視するの？

コンセプトが厳密に決まっている場合

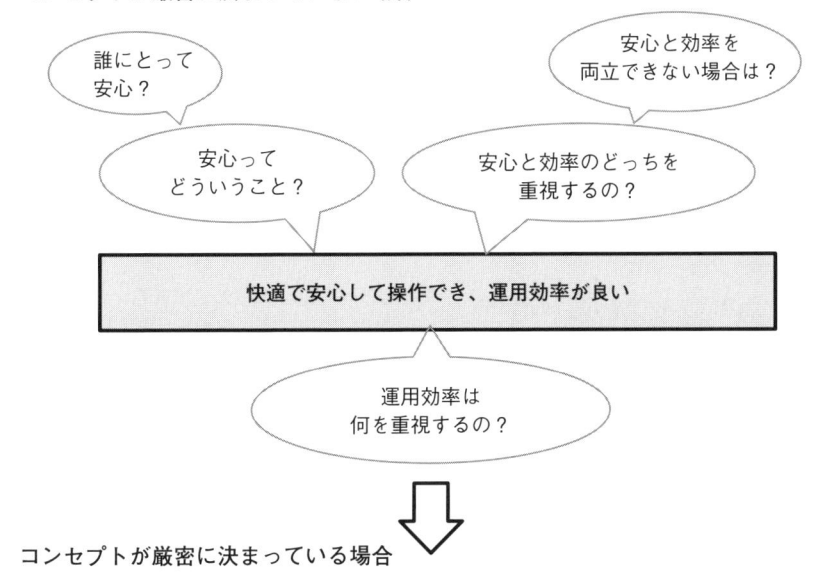

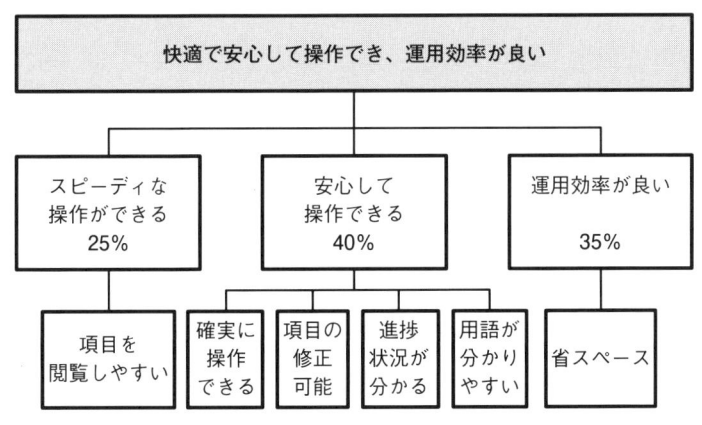

快適で安心して操作でき、運用効率が良い

- スピーディな操作ができる 25%
  - 項目を閲覧しやすい
- 安心して操作できる 40%
  - 確実に操作できる
  - 項目の修正可能
  - 進捗状況が分かる
  - 用語が分かりやすい
- 運用効率が良い 35%
  - 省スペース

図 4.4.1　構造化デザインコンセプト

4.4 (2) 構造化デザインコンセプトの作り方（トップダウン式）

　トップダウン方式は、企業の方針が明確な場合や企画者が製品やシステムイメージが明確にある場合に用いる。企画者が自分の経験や今までに抽出したユーザー要求事項などを踏まえて決定する際に適した方法である。コンセプト項目を「目的」と「手段」の関係で詳細に分解していくもので、下記のプロセスで構築する。

(1) 上位コンセプト項目の作成

　20文字以内の文章で、上位コンセプト項目を作成する。この文章は、開発者間だけでなく、ユーザーやビジネスパートナーにコンセプトを説明する際にも活用する。そのため、簡潔で分かりやすい文章になるよう心掛ける。

(2) 中位コンセプト項目の作成

　上位コンセプト項目を実現するために必要と考えられる項目を分解して中位コンセプト項目とする。上位コンセプト項目を「目的」とした場合、中位コンセプト項目を「手段」と考えると項目を作成しやすい。最初に、上位コンセプト項目を用語ごとに分解する。例えば、「簡単に早く楽しく注文できる」という上位コンセプトの場合、「簡単に」「早く」「楽しく」「注文できる」に分解する。分解した用語をそれぞれ目的として、その手段を考える。例えば「簡単に」するための手段として「シンプルな構成」を作成する。

(3) 中位コンセプト項目の重み付け

　項目を合計すると100％になるよう、項目の重み付けを行う。この重み付けは、項目の優先順位を決めるためのものである。そのため、できれば同じウエイトの項目がない方が望ましい。また、このウエイト付けにより、デザインコンセプトの方向性が明確になり、ウエイト比はコスト配分の比率ともなる。

(4) 下位コンセプト項目の作成

中位コンセプト項目を目的とした場合、それを実現するための手段として下位コンセプト項目を記載する。下位コンセプト項目は、中位コンセプト項目を実現するための方法や考え方である。

①上位コンセプト項目の作成

簡単に早く楽しく注文できる GUI

②中位コンセプト項目の作成と、項目の重み付け

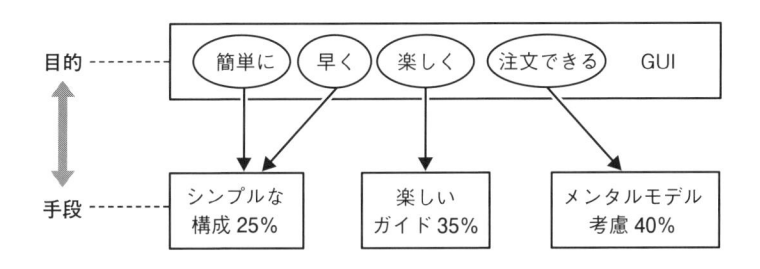

目的：簡単に　早く　楽しく　注文できる　GUI

手段：
- シンプルな構成 25%
- 楽しいガイド 35%
- メンタルモデル考慮 40%

③下位コンセプト項目の作成

簡単に早く楽しく注文できる GUI

目的：
- シンプルな構成 25%
- 楽しいガイド 35%
- メンタルモデル考慮 40%

手段：
- 文字は最小限
- イラストを多用
- ボタン数は最小限
- アバターがナビ
- アニメ表現
- 初心者画面
- 習熟者画面
- 操作履歴の表示

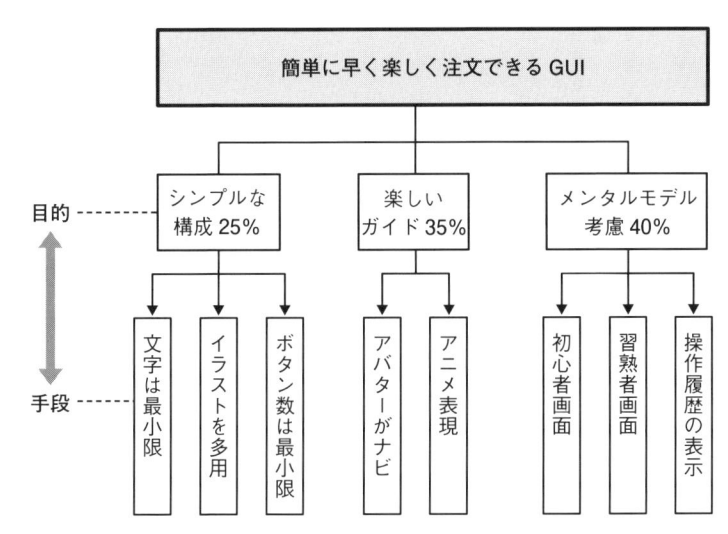

図 4.4.2　トップダウン式による構造化デザインコンセプトの作り方

4.4 （3）構造化デザインコンセプトの作り方（ボトムアップ式）

　ボトムアップ方式は、ユーザーの要求事項に基づいてデザインコンセプトを構築する方法である。新規性の高いUXやシステムを構築する場合は、ユーザーニーズに基づいたボトムアップ式での構築が望ましい。下記のプロセスで構築する。

(1) ユーザー要求事項のグループ化
　3ポイントタスク分析、5ポイントタスク分析やプロセス状況テーブル（ProST）を用いて抽出された「ユーザー要求事項」を関連性の高い項目同士でグループ化する。

(2) 中位コンセプト項目の作成
　ユーザー要求事項の各グループを「手段」とした場合、その「目的」を考える。この「目的」が中位コンセプト項目となる。グループ数が多くなった場合は、グループの中から重要な項目を3～4点選択する。また、新たに中位コンセプト項目を追加することもできる。ユーザー要求事項のグループとして抽出されなかったが、UXを提供するために必要と考えられる要素があれば、新規に追加してもよい。

(3) 中位コンセプト項目の重み付け
　重要度に応じて、各中位項目の重み付けを行う。中位コンセプト項目の合計が100%になるように重み付けする。この重み付けは、開発中にトレードオフの問題が生じた場合の優先項目を判断するための指針となる。トレードオフとは、複数の項目を両立できない問題のことである。例えば、中位コンセプト項目として、"操作の効率性"と"確実性"の両立が難しい場合、ウェイトの大きい項目を優先してデザインする。ウェイト付けをすることにより、デザインコンセプトの方向性が明確になる。また、コスト配分比ともなる。

(4) 上位コンセプト項目の作成

　中位コンセプト項目を統合し、上位コンセプトを1行の文章として作成する。上位コンセプトの文字数は、覚えやすく伝わりやすい表現にすることが必要である。また、開発メンバー全員がこの方針を長い時間覚えておく必要がある。そのためには、20文字程度の文字数で収めるのが理想である[24]。短い文章であれば顧客（ユーザー）などにも方針を伝えやすい。

①ユーザー要求事項の抽出

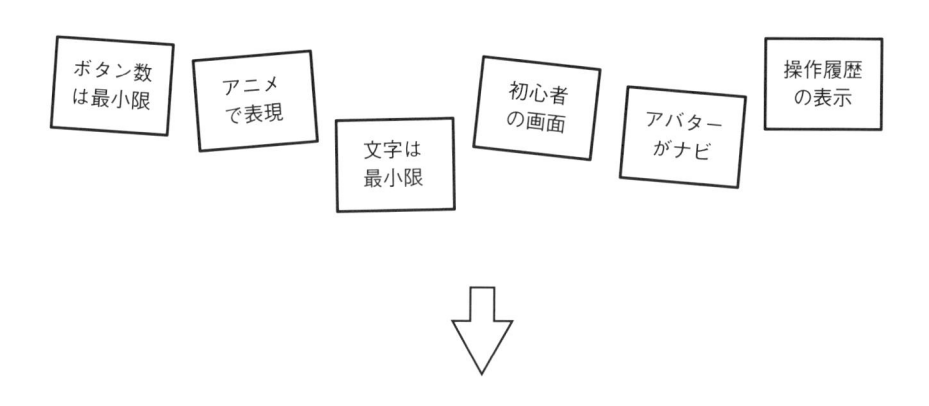

②ユーザー要求事項のグループ化

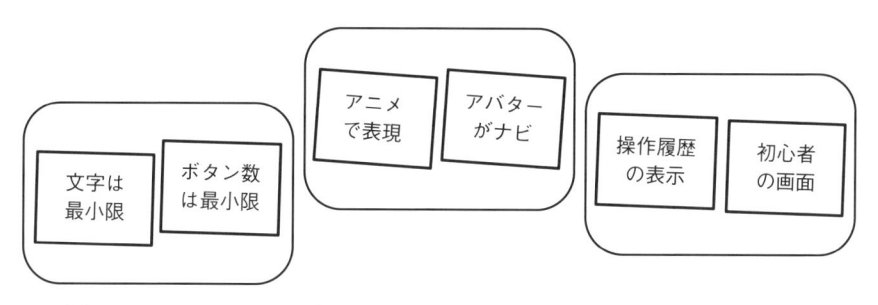

図4.4.3　ボトムアップ式による構造化デザインコンセプトの作り方①，②

4章 システムの詳細

③中位コンセプト項目の決定

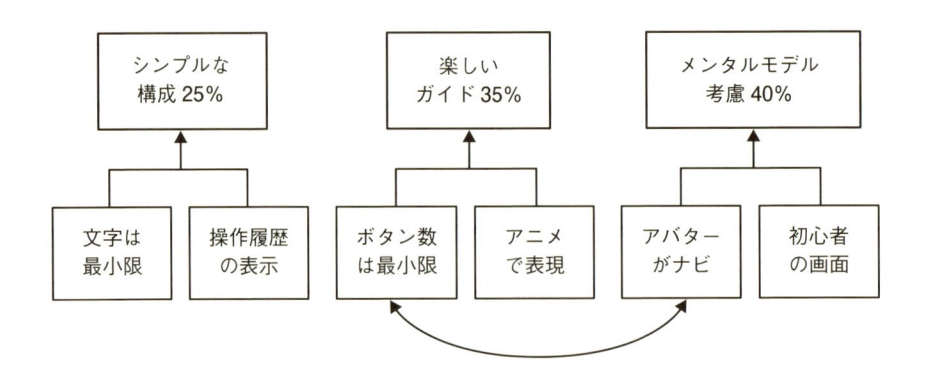

```
[シンプルな        [楽しい         [メンタルモデル
 構成 25%]         ガイド 35%]      考慮 40%]
   ↑                ↑                ↑
 ┌─┴─┐           ┌─┴─┐            ┌─┴─┐
[文字は][操作履歴] [ボタン数][アニメ] [アバター][初心者
 最小限  の表示]   は最小限  で表現]  がナビ]   の画面]
```

④上位コンセプト項目の決定

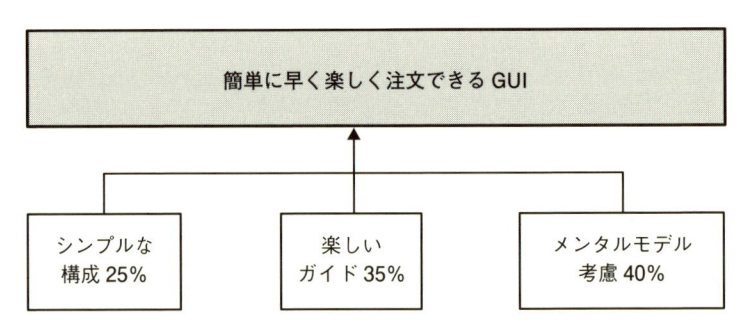

```
        [簡単に早く楽しく注文できるGUI]
                  ↑
        ┌─────────┼─────────┐
   [シンプルな    [楽しい      [メンタルモデル
    構成 25%]    ガイド 35%]   考慮 40%]
```

図4.4.3 ボトムアップ式による構造化デザインコンセプトの作り方③, ④

4.4 （3）構造化デザインコンセプトの作り方（ボトムアップ式）

⑤下位コンセプト項目の作成

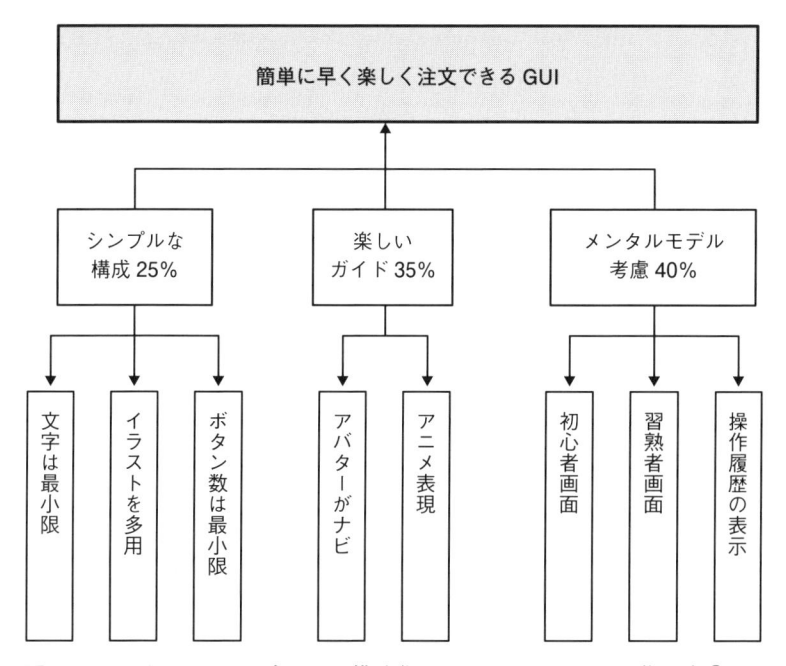

```
          ┌─────────────────────────────────┐
          │   簡単に早く楽しく注文できる GUI   │
          └─────────────────────────────────┘
                          ▲
        ┌─────────────────┼─────────────────┐
   ┌─────────┐      ┌─────────┐      ┌──────────┐
   │シンプルな│      │ 楽しい  │      │メンタルモデル│
   │構成 25% │      │ガイド35%│      │ 考慮 40% │
   └─────────┘      └─────────┘      └──────────┘
```

| 文字は最小限 | イラストを多用 | ボタン数は最小限 | アバターがナビ | アニメ表現 | 初心者画面 | 習熟者画面 | 操作履歴の表示 |

図 4.4.3　ボトムアップ式による構造化デザインコンセプトの作り方⑤

4.4 （4）上位項目、中位項目、下位項目の位置付け

　構造化コンセプトは通常、"上位コンセプト項目"と"中位コンセプト項目"、"下位コンセプト項目"の3階層で構成する。各項目は次のような際に活用するのがよい。

(1) 上位コンセプト項目

　上位コンセプト項目は、開発するUXやシステムの方針について、企業内で大まかな方針を共有化する際に用いる。1行のシンプルな文章で表現してあるため、開発者以外にも方針を理解しやすく、ユーザーやビジネスパートナーに対してコンセプトを説明する際にも有効である。上位項目の文字数は、できるだけ20文字以内に抑えるのがよい。

(2) 中位コンセプト項目

　中位コンセプト項目は、上位項目を実現するため、開発者間で「必要となる項目・要素」について情報共有する際に用いる。上位項目で大体の方針は理解できるが、それを実現するために必要な要素を明確にしておかなければ開発者間で認識のズレが生じてしまう。必要な要素が共有できても、項目の優先順位が明確になっていなければ重視する項目のズレが生じてしまう。中位項目にウエイト付けを行うことにより、デザインコンセプトの方向性が明確になる。

　例えば、見やすく、楽しい画面というデザインコンセプトの場合、そのウエイトを変えただけで全然違う画面となる。「見やすく」を優先させた画面と「楽しさ」を優先させた画面は全く違う。両項目とも重要さが同じならば、50％づつのウエイト値にすればよい。また、画面デザインの修正や検証を行う際に参考データとしても活用することができる。

(3) 下位コンセプト項目

　下位コンセプト項目は、中位項目を実現するための具体的な方法や手段とし

4.4 （4）上位項目、中位項目、下位項目の位置付け

て用いる。操作画面のデザインで下位項目を活用する場合、可視化する際のGUIパーツのアイデアやデザインガイドラインとなる。そのため、第6章で述べる「ガイドライン」や「GUIパーツ」を用いて記載するとよい。

上位コンセプト項目
・ユーザーへ訴求する内容
・開発者間での方針の共有化

簡単に早く楽しく注文できるGUI

中位コンセプト項目
・優先順位の明確化

シンプルな構成	楽しいガイド	メンタルモデル考慮
25%	35%	40%

下位コンセプト項目
・実現するための方針・手段

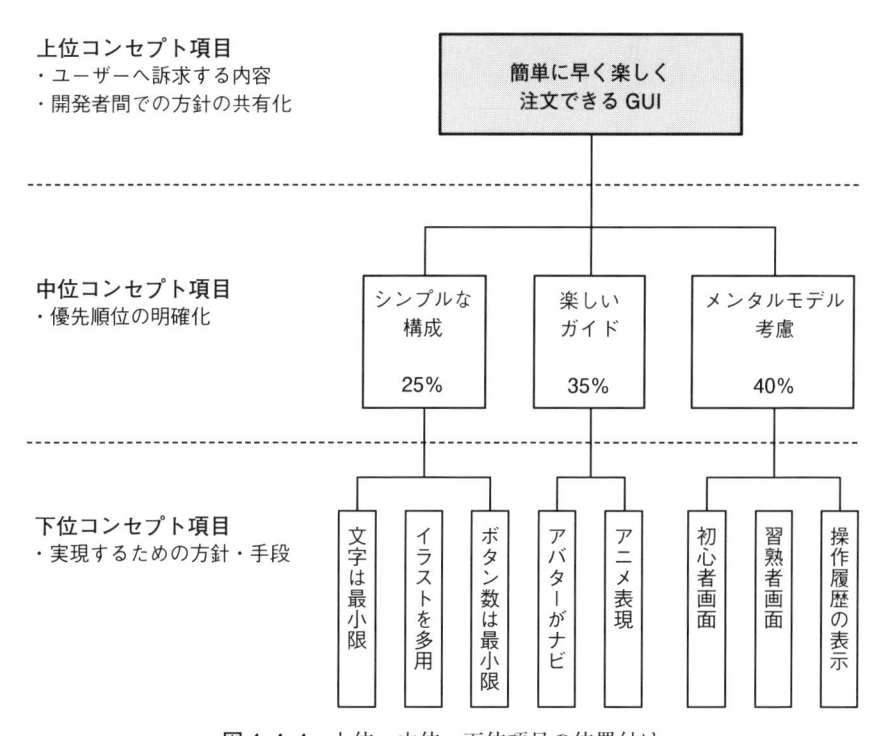

- 文字は最小限
- イラストを多用
- ボタン数は最小限
- アバターがナビ
- アニメ表現
- 初心者画面
- 習熟者画面
- 操作履歴の表示

図 4.4.4　上位・中位・下位項目の位置付け

参考文献

[1] 吉川嘉修，山岡俊樹，松延拓生：製品コンセプト用語の構造化，第51回デザイン学会研究発表大会，pp.212-213, 2004

[2] 鈴木一彦：コレスポンダンス分析のデザイン評価への応用，デザインマネージメント，1-11, No.3, 1993

[3] 後藤秀雄編著：市場調査ベーシック，pp.174-177, みき書房，1998

[4] 菅民朗：アンケートデータの分析，pp.140-144, 現代数学社，1998

[5] 山岡俊樹：ヒット商品を生む観察工学―これからのSE，開発・企画者へ，pp.58-59, 共立出版，2008

[6] 南風原朝和他編：心理学研究法入門―調査・実験から実践まで，東京大学出版会，2001

[7] Hugh Beyer, Karen Holtzblatt：Contextual Design, pp.41-78, Morgan Kaufmann, 1998

[8] 小橋康章：創造的認知―実験で探るクリエイティブな発想のメカニズム，pp.181-183, 森北出版，1999

[9] 前川正実，山岡俊樹：工業製品とサービスの利用プロセスと状況に基づくアイデア創出方法―工業製品とサービスの統合的なデザインへ向けての事例研究，デザイン学研究，58, 4, pp.87-96, 2011

[10] Peter Merholz et al., 高橋信夫訳：Sublect to Change ―予測不可能な世界で最高の製品とサービスを作る，オライリージャパン，2008

[11] 山岡俊樹：ヒューマンデザインテクノロジー入門，pp.23-30, 森北出版，2003

[12] 山岡俊樹編著：ヒット商品を生む観察工学―これからのSE，開発・企画者へ，pp.31-32, 共立出版，2008

[13] 山岡俊樹：ヒューマンデザインテクノロジー入門，pp.30-31, 森北出版，2003

[14] Masami Maekawa, Toshiki Yamaoka：Situation Analysis as a Precondition of Task Analysis in Product Development, International Conference for the 40th Anniversary of Human Ergology Society, 2010

[15] 前川正実，山岡俊樹：プロセス状況テーブルによる製品の利用プロセスのアイデア創出とデザイン要件抽出に関する事例研究，人間生活工学，12, 2, pp.37-42,

2011

［16］前川正実：利用状況アイデアの記述によるコンセプト策定と要件導出に関する考察―工業製品とサービスの統合的なデザインへ向けてのプロセス状況テーブル（ProST）のシナリオ手法との比較，デザイン学研究，59，4，pp.89-98，2012

［17］Scott Berkun，村上雅章訳：イノベーションの神話，pp.147-148，オライリージャパン，2007

［18］讃井純一郎，乾正雄：レパートリー・グリッド発展手法による住環境評価構造の抽出：認知心理学に基づく住環境評価に関する研究（1），日本建築学会計画系論文報告集，367，pp.15-22，1986

［19］神田範明編著：ヒットを生む商品企画七つ道具よくわかる編，pp.43-63，2000

［20］棚橋弘季，ペルソナ作って，それからどうするの？―ユーザ中心デザインでつくるwebサイト―，ソフトバンククリエイティブ，2008

［21］ポールD.ティーガー（著），バーバラ・バロン（著），栗木 さつき：あなたの天職がわかる16の性格，主婦の友社，2008

［22］Jenny Preece, Yvonne Rogers, Helen Sharp：Human-Computer Interaction, pp.123-139, Addison-Wesley Publishing, 1994

［23］山岡俊樹，ヒューマンデザインテクノロジー入門，pp.49-55，森北出版，2003

［24］玉樹真一郎：コンセプトの作り方，pp.40-48 ダイヤモンド社，2012

5章

可視化

　本章では、詳細デザインで決定した構造化コンセプトに基づいて、UX・情報を可視化する方法を説明する。また、操作フローや画面遷移などの検討により時間軸上の可視化も紹介する。

5.1 （1）可視化について①

(1) "プロセスの可視化"の重要性

　優れた UX を提供するためには、ユーザー、モノおよび状況などを総合的に検討する必要がある。また、これらの複合的な要素をどうやって統合化し、ユーザーに優れた UX を提供できるかが重要となる。本書では、その解決方法として、検討項目やデザイン項目などの各要素をできるだけパーツ化（言語化）し、それぞれを組み合わせることにより統合化する方法を提供する．要素をパーツ化することは、統合化しやすいだけでなく、後からの分析や検証、修正が行いやすくなる．また、開発者間でプロセスを共有しやすい。

(2) UX の接点となるユーザインタフェース

　サービスや情報は、専用端末やスマートフォン、タブレット、PC などの"操作画面"すなわち"ユーザインタフェース"を通じてユーザーに提供される。ユーザーは、背後で行われている運用システムを理解しなくてもよい。操作画面とのインタラクションを通じて得られる情報からサービスを受けている。そのため、ユーザインタフェースのデザインにより、UX の価値は大きく左右する。

(3) ユーザインタフェースデザインの検討項目

　ユーザーとの接点となるユーザインタフェースのデザインは、コンセプトや使用状況、システムが提供する機能によって大きく異なるため、それらの項目を明確にする必要がある。"要求事項""構造化コンセプト""システムとユーザー""機能系統図"を明確にした後、下記の項目について検討する。

　①画面構成：画面のレイアウトに関する検討事項
　②操作機能：操作方法に関する検討事項
　③情報提示：画面で表示する情報の提示方法に関する検討事項
　④アイコン：画面で使用するピクトグラム（絵文字）に関する事項

5.1 (1) 可視化について①

⑤GUIパーツ：表示方法や操作方法に用いるための表現手段に関する事項
⑥操作フロー：操作手順、操作の流れに関する検討事項
⑦画面遷移：操作画面の流れに関する検討事項

システムの概要

- 目的・目標
- システム計画

システムの詳細

- ポジショニング
- ユーザー要求事項抽出
- システムとユーザーの明確化
- 構造化デザインコンセプト

可視化

評価

画面構成：
　画面のレイアウトに関する検討事項

操作機能：
　操作方法に関する検討事項

情報提示：
　画面で表示する情報の提示方法に関する検討事項

アイコン：
　画面で使用するピクトグラム（絵文字）に関する事項

GUIパーツ：
　表示方法や操作方法に用いるための表現手段に関する事項

操作フロー：
　操作手順、操作の流れに関する検討事項

画面遷移：
　操作画面の流れに関する検討事項

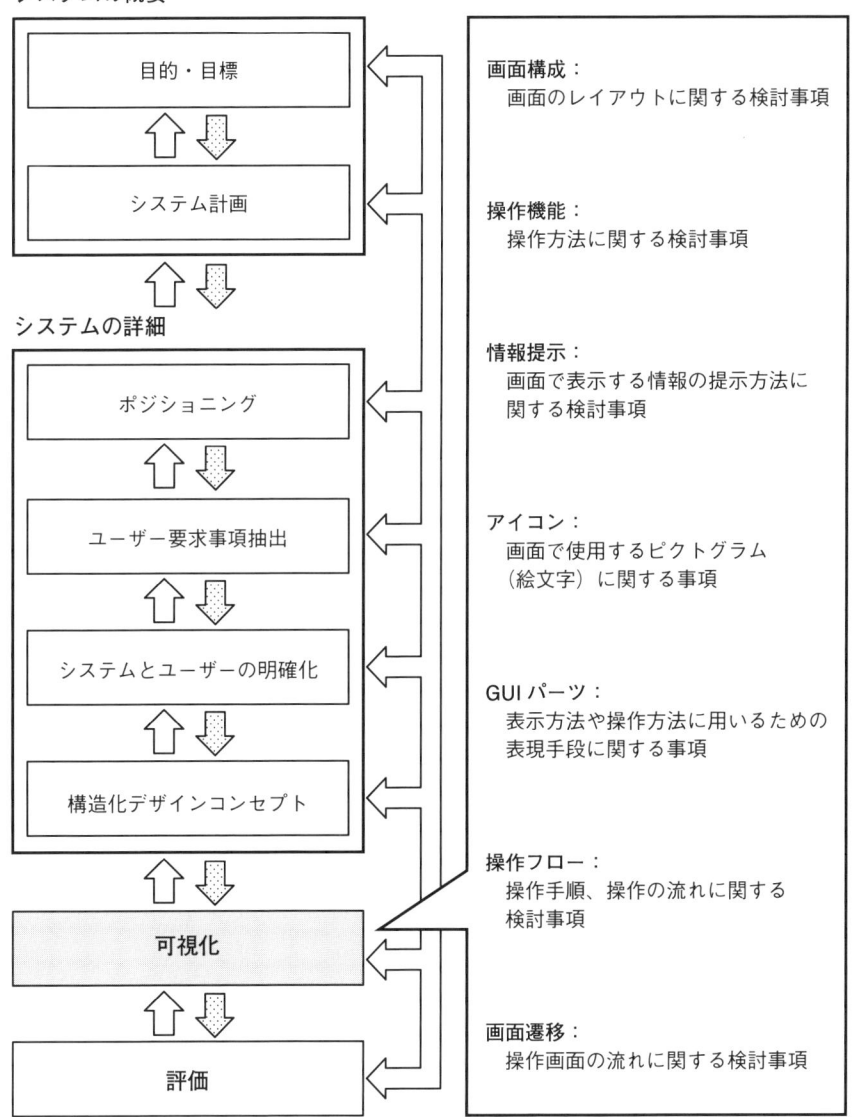

図 5.1.1　可視化

5.1 （2）可視化について②

（1）構造化デザインコンセプトに基づいた基本デザイン案の作成

　構造化デザインコンセプトに基づき基本デザイン案を作成する。構造化デザインコンセプトの下位コンセプト項目を参考にして、下記4点について検討する。

　①画面構成：画面のレイアウトに関する検討事項（5.2参照）
　②操作機能：操作方法に関する検討事項（5.3参照）
　③情報提示：画面で表示する情報の提示方法に関する検討事項（5.4参照）
　④アイコン：画面で使用するピクトグラムに関する事項（5.5参照）

（2）操作の流れ、操作構造の検討

　基本デザインを元に、「操作の流れ」と「操作の構造」について検討する。
　⑤各画面で用いる操作ボタンなどはGUIパーツを活用する（5.6参照）。
　GUIパーツとは、ディスプレイモニタ上で操作する際のユーザインタフェースパーツのことである。
　⑥「操作の流れ」はフローチャートを作成する（5.7（1）参照）。
　フローチャートは、操作の流れの概要を記号で示すものである。
「操作の構造」について、タスク構造で表現する（5.7（2）参照）。
　タスク構造とは、各タスクの関係を図示したものである。
　⑦代表的な画面の流れについては、画面遷移図を作成する（5.7（3）参照）。
　画面遷移図とは、操作時の画面の流れを時間軸で作成したものである。背景や作業の文脈を盛り込んだ具体的な利用状況を確認することができる。

（3）画面遷移図によるUXの検討

　画面遷移図でUXについても検討する。ユーザインタフェースの使用中にユーザーが感じる経験について画面遷移で検討する。UXは、主に「体験前」「体験中」「体験後」の3つの時間軸で検討するが、画面遷移図では「体験中」の

5.1 （2）可視化について②

UX について検討する。画面操作中のユーザーに体験を「目的」-「手段」の関係から分解して（1.11 参照）、デザインを決めていく。

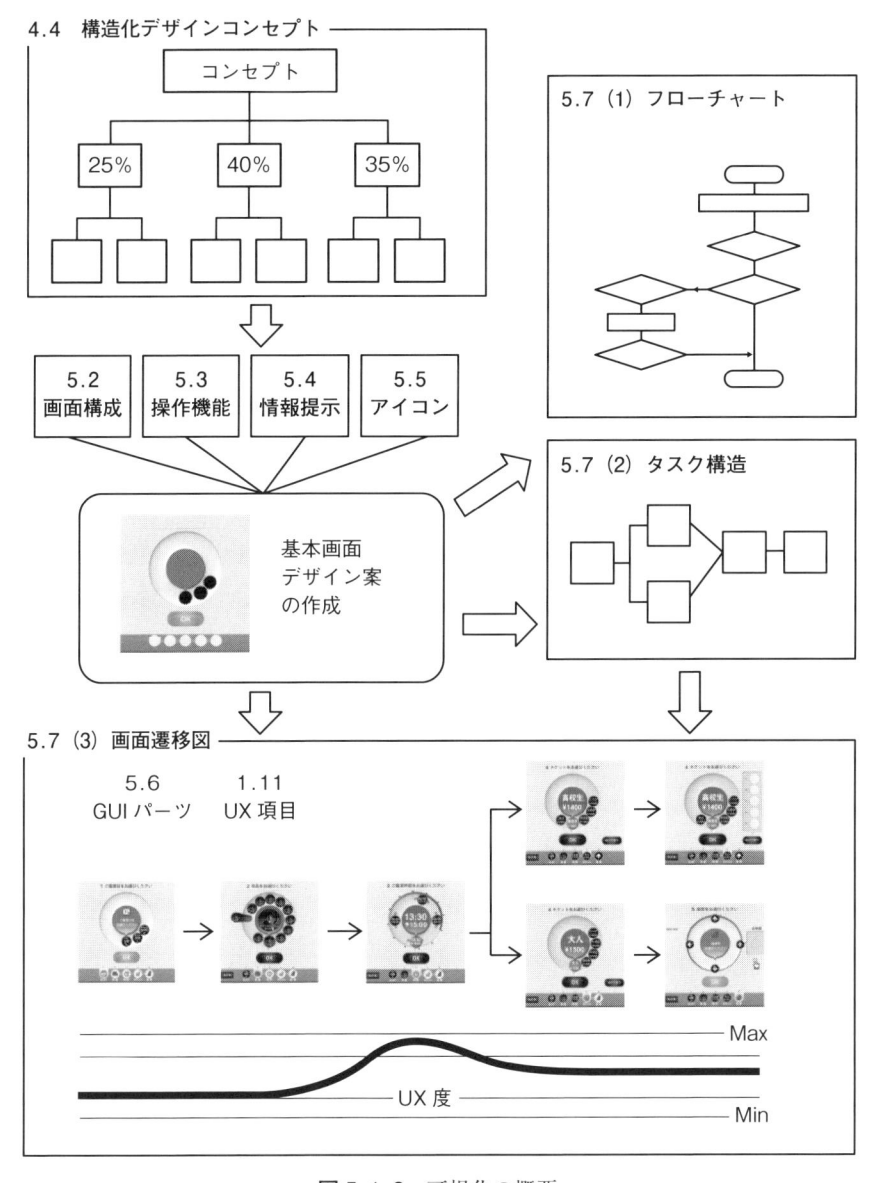

図 5.1.2　可視化の概要

5.2 (1) 画面構成（レイアウト）の検討①

　1つの画面に表示する情報は、画面構成（レイアウト）により大きく異なる。画面のサイズにより、各画面で構成できる内容も異なる。当然ながら、大きな画面ほど制約が少なくレイアウトの自由度が高い。また、カラーの方がモノクロよりも表現の自由度が高い。画面サイズに余裕がある場合は、コンセプトに応じてレイアウトが割り当てられる。

　最も制約が多いユーザインタフェースは、5インチの小型画面で、ボタンやキーボードで操作するシステムである。例えば、折りたたみ式携帯電話や操作リモコンは、ボタンの数は多いが表示画面が小さい。システムに採用する画面サイズは"システムの明確化の詳細情報（4.3（2）参照）"で明確にしておく。

(1) 情報のグループ化

　人間の視覚は秩序を見つけようとする[1]。ゲシュタルトの法則（近接の要因、類同の要因、閉合の要因：1.1を参照）は人間の視覚特性を示したものである。この法則を画面構成に活用し、下記の優先順位で情報をグループ化するのがよい。

①関連する情報はできるだけ近づける（近接の要因）
②関連性の低い項目間は、できるだけ余白を作る（近接の要因）
③画面が小さく余白がない場合は、関連する項目の色を統一する（同類の要因）
④画面が小さくモノクロ表示の場合は、関連性の低い項目間にラインを引くあるいはグループ化した項目を枠で囲む（閉合の要因）

(2) 画面サイズの制約を解消する手段

　通常、1画面に収まらない情報は、画面を切り換える。しかし、画面を切り換えてしまうと文脈や操作の連続性が途切れてしまう。限られた画面サイズの中で、項目の関係性も分かりやすく効果的にレイアウトする方法として、下記

5.2 （1）画面構成（レイアウト）の検討①

パターンの活用が効果的である。また、各パターンにはそれぞれ下記の特徴がある。

①タブ切り換え形式：1画面に情報を収める

②アコーディオン形式：文字情報の場合に効果的である

③スクロール形式：進行方向を統一する（左右・上下のいずれかに統一）

情報のグループ化

・関連する情報近づける
　　　　　　　　（接近の要因）
・関連性の低い項目間は余白を作る
　　　　　　　　（接近の要因）

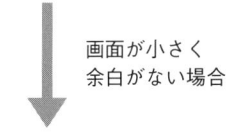

　　↓　画面が小さく
　　　　余白がない場合

・関連する項目の色を統一する
　　　　　　　　（同類の要因）

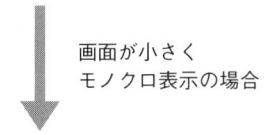

　　↓　画面が小さく
　　　　モノクロ表示の場合

・関連性の低い項目間にラインを引く
・グループ化した項目を枠で囲む
　　　　　　　　（閉合の要因）

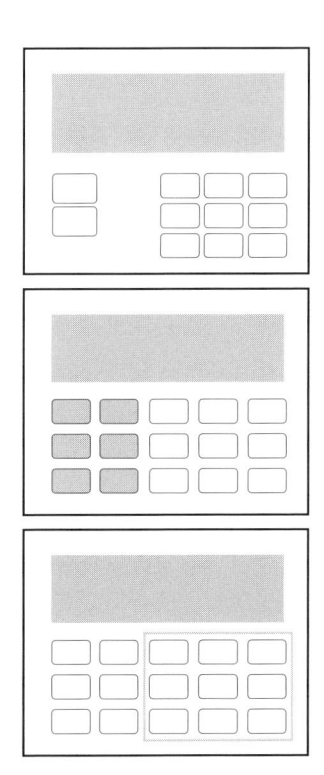

画面サイズの解消方法

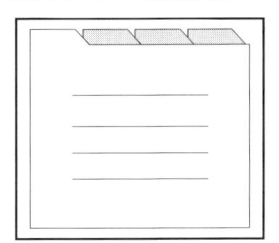

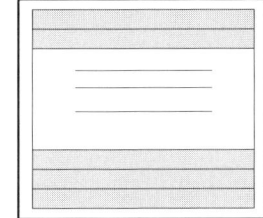

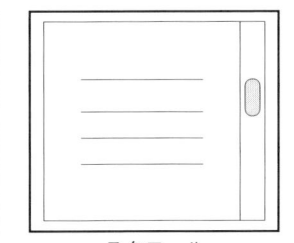

　　タブ　　　　　アコーディオン　　　　スクロール

図 5.2.1　画面構成の検討（1）

5.2 (2) 画面構成（レイアウト）の検討②

(3) 操作画面の分類

操作画面の役割は下記の4種類に分類され、各エリアの組み合わせで1つの画面が構成される。

①タイトルエリア：現在の状態を説明するエリア

②メニューエリア：操作画面のメニュー、カテゴリーを配置するエリア

　メニュー構造が複雑になる場合は、全体の構造を表すグローバルメニューと詳細なメニュー構造を表すローカルメニューと使い分ける。

③コンテンツエリア：グラフや画像などのコンテンツを配置するエリア

④ダイレクトキーエリア：該当する画面に直接移動する項目の配置エリア

　"常に表示する必要のある項目の有無""コンテンツの性質"などで、上記エリアのウェイトも異なる。レイアウト事例に関しては、スマートフォンやPC、ウェブなどを事例とした文献［2］、［3］、［4］や資料を参考にするとよい。

(4) ディスプレイ以外の情報提示

画面構成（レイアウト）は、操作画面以外の媒体も考慮する方法がある。通常は、ディスプレイモニタで全ての情報を表示する場合を想定しているが、下記の表示媒体を用いた方が効果的な場合もある。

①筐体や画面周辺での表示：印刷、シール、メモリなどの固定された表示

②光による表示：LEDや警告ライトなどの点灯、点滅による表示

③立体表示：ボタンの色、形状などの固定された表示

④音声表示：音声案内、警告メッセージ、音声フィードバックなど

⑤触覚表示：ボタン表面の凸形状など触覚でも認知可能な表示

ディスプレイと音声以外の表示媒体は、状況に応じて変化させることが難しいため、活用方法が限定される。

5.2 （2）画面構成（レイアウト）の検討②

操作画面の分類

（1）トップページ（ウェブサイト）

①タイトルエリア
②メニューエリア
　（グローバルメニュー）
③コンテンツエリア
④ダイレクトキーエリア

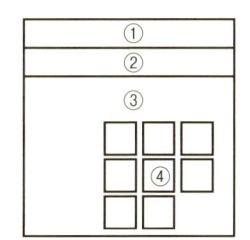

画像をクリックすると、該当する画面に移動する

（2）コンテンツページ（ウェブサイト）

①タイトルエリア
②メニューエリア
　（グローバルメニュー）
③コンテンツエリア
④メニューエリア
　（ローカルメニュー）

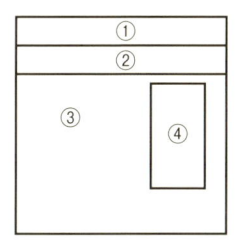

画面以外での情報

①筐体や画面周辺での表示
②光による表示
③立体表示
④音声表示
⑤触覚表示

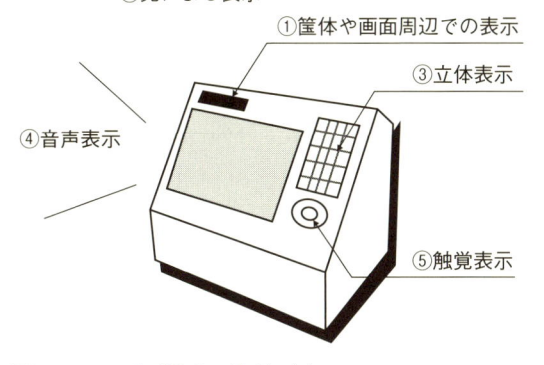

図5.2.2　画面構成の検討（2）

119

5.3 操作機能

操作機能とは、操作エリアで行う項目のことである。"機能系統図"で分類した各機能を実現するための手段と考えるとよい。操作機能は、採用する入力デバイスの影響を受ける。入力デバイスは"システムの明確化の詳細情報（4.3(2)参照）"で明確にしておく。

(1) 直接操作と間接操作[5]

機器の操作方法は下記の2つに大別でき、操作機能と対応している。

①直接操作：指（タッチパネル）やマウスで、画面上の操作部を直接選択し、操作する方法。

現実世界で物を選択するのと同じ方法なので、分かりやすい。

②間接操作：キーボードやボタンなどの入力デバイスを使って操作部を間接的に選択する方法。

(2) 入力デバイスによる分類

下記の入力デバイスは間接操作で用いることが多い。

①ボタン："オン/オフ""項目の切り換え""項目移動"などで用いる

②トグルスイッチ："オン/オフ""項目の切り換え"に用いる

③レバー："オン/オフ""調整""項目の切り換え"などに用いる

④ダイヤル："オン/オフ""調整""項目の切り換え"などに用いる

⑤ジョグダイヤル："調整＋決定""項目の切り換え"などに用いる

⑥キーボード："文字入力""数値入力"に用いる

⑦トラックボール："項目移動""画面移動""項目切り換え"などで用いる

⑧ジョイスティック："項目移動""画面移動"などで用いる

(3) C/D比を考慮した入力デバイスの選択

C/D比とは、「入力デバイスの操作量（C）」と「表示量（D）」との比率であ

る[2]。レバーやダイヤル、ジョイスティックなどの入力デバイスを採用する際は、C/D比を考慮する。下記2つの観点で検討する。
・精密な位置決めや調整を行う場合：C/D比を大きくする
　（入力デバイスを大きく動かしても、表示部の移動量は少なくする。）
・素早い操作が求められる場合：C/D比を小さくする

①ボタン

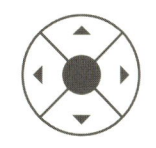

⑤ジョグダイヤル

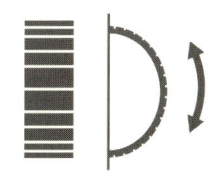

②トグルスイッチ

⑥キーボード

③レバー

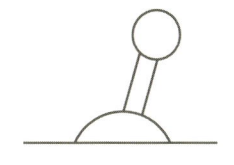

⑦トラックボール

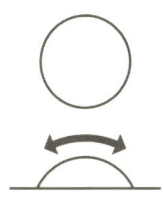

④ダイヤル

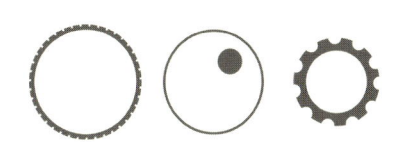

⑧ジョイスティック

図5.3.1　入力デバイスによる分類

5.4　情報提示・誘導の検討

　操作画面では、通常の操作以外の特別な操作も検討する必要がある。その際の情報を提示する方法は、通常の画面構成と異なる情報提示の方法が有効である。下記の状況を考慮した情報提示方法が必要である。

①ユーザーが初めて操作を行うときに操作を誘導する表示

②確認事項、注意事項の提示

③エラー時における警告メッセージの表示

④操作実行・完了したときのフィードバック表示

　これらの情報を効果的に提示する方法は、モーダルとモードレスの2つの観点（1.13参照）から検討する。

（1）モーダル型情報提示

　操作を中断する程の内容でない場合は、モーダルな情報提示が可能である。また、操作の効率が求められる場合や、複数のアプリケーションを切り換えて使用する場合も採用することが多い。モーダルな情報提示は下記の2種類に分類される。

①単体画面型情報提示：確認事項の提示や操作実行のフィードバックなどの"操作手続きの必要がない場合"に用いる。

②ダイアログ型情報提示：エラーの対処方法や複雑な設定手順を示す場合は、ツアー形式の複数画面が必要な場合に用いる。

（2）モードレス型情報提示

　スマートフォンやタブレットなどの"直接操作"やPCなどの"マウスによる選択操作"では、複数画面の切り換えも容易であるため、モードレス型の情報提示が多く、下記に分類できる。

①ヘッダー、フッター型情報提示：ヘッダーやフッターに情報を提示。操作完了などのフィードバック表示に用いる。

5.4 情報提示・誘導の検討

②ポップアップ型情報表示：カーソル選択されている項目の説明表示や項目の状態が変更された場合のアナウンスとして用いる。

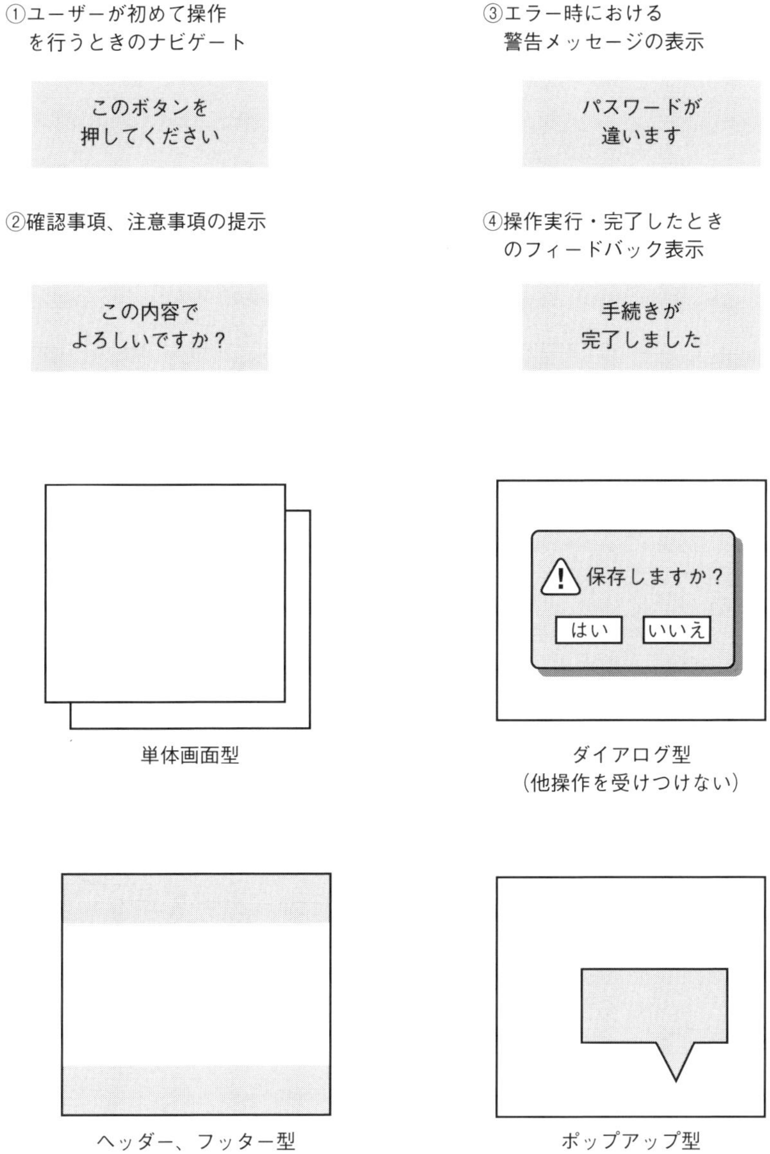

①ユーザーが初めて操作
　を行うときのナビゲート

　　このボタンを
　　押してください

②確認事項、注意事項の提示

　　この内容で
　　よろしいですか？

③エラー時における
　警告メッセージの表示

　　パスワードが
　　違います

④操作実行・完了したとき
　のフィードバック表示

　　手続きが
　　完了しました

単体画面型

ダイアログ型
（他操作を受けつけない）

ヘッダー、フッター型

ポップアップ型

図 5.4.1　情報提示・誘導

5.5 アイコン

(1) アイコンとは

アイコンの定義として、「コンピュータへの指示や作業内容を分かりやすく表現するピクトグラム（絵文字）」[1]とする。アイコン作成には下記の4原則を元にデザインするとよい。

(2) アイコン作成の4原則 [6]

①具体的な表示

アイコンは対象物を示すので、具体的な表示にする。

②表示の一貫性

表示の一貫性は、アイコン間で文脈を生じさせ、これによりユーザーは理解を深めることができるようになる。検討個所はレイアウトの一貫性、語彙の一貫性、色彩の一貫性、視覚要素の一貫性などである。

③表示の簡潔性

シンプルな表現にすることにより、ユーザーの視認性、検索性が容易となる。

④要素の強調

重要度（高頻度）の高い情報は、強調して視認性、検索性を高める。視覚的トリガー（きっかけ）として強調が活用されるので、検索性が高まる。つまり、重要な情報にはコントラストを強くする、目立つ色彩などを使うとよい。

(3) アイコン作成の手順 [6]

基本的には、2.2で述べた汎用システムデザインと同じである。

①目的、目標の決定

・システムの目的や概要に基づいて、アイコンの目的・目標を定める。

②システムの概要

・ディスプレイの物理的制約条件（種類、解像度、画面サイズなど）を明

5.5 アイコン

確にする
③ユーザー要求事項の抽出
④構造化デザインコンセプト、システムとユーザーの明確化の作成
・アイコンとして表示する情報を整理し階層化による、分類を行う。
・与条件を参考にどの項目にウエイトを置くのか検討する
⑤可視化
⑥評価

(a) 具体的表示

(b) 表示の一貫性

(c) 表示の簡潔性

(d) 要素の強調

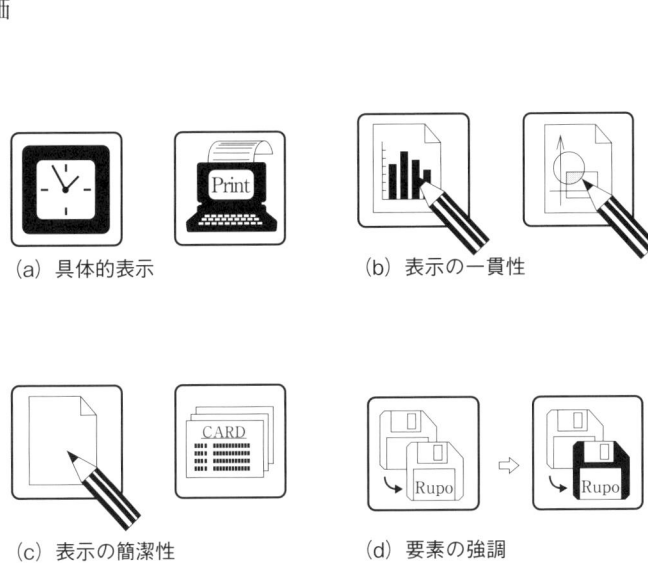

図 5.5.1 アイコン作成の 4 原則 [2]

5.6 （1）GUI パーツの作成①

（1）GUI パーツの種類

　GUI パーツとは、ディスプレイモニタ上で操作する際のユーザインタフェースパーツのことである。用途に合わせて下記の GUI パーツを使い分ける。
　①選択する GUI パーツ（チェックボックス、ラジオボタンなど…）
　②調整する GUI パーツ（スクロールバー、スライダーなど…）
　③入力する GUI パーツ（入力ボックスなど…）

1）選択する GUI パーツ
　① ON/OFF の切り換えをするパーツ
　・チェックボックス：機能のオプションなどを ON/OFF で切り換える GUI パーツ。
　・トグルボタン：ボタンで ON/OFF の切り換えを行う GUI パーツ。タッチパネルでは、押す場所が明確で分かりやすいが、項目選択されているときの表示方法に区別しやすいよう配慮する必要がある。
　②複数の項目から 1 つを選択するパーツ
　・ラジオボタン：表示された選択肢から選ぶ、標準的な GUI パーツ。選択項目は、横方向に並べると見づらくなるため、縦方向に並べる。
　・トグルボタン／リストボックス：ラジオボタンの表現を変えたものである。タッチパネルでは、押す場所が明確で分かりやすい。選択肢はアイコンで表現する、文字数をコンパクトにするといった工夫が必要である。
　・ドロップダウンリスト：下三角ボタンで表示される選択肢を選ぶ GUI パーツ。選択項目が多い場合や画面サイズが限られている場合に使用する。表示されていない選択肢をユーザーに認知させる工夫が必要である。
　③複数の項目から複数を選択するパーツ
　・チェックボックス：複数選択の場合に用いる標準的な GUI パーツ。表示サイズの制約がある場合は、スクロールバー付きにする。

5.6 (1) GUIパーツの作成①

■選択するGUIパーツ

①ON/OFFの切り換えを行うGUIパーツ

チェックボックス
- 項目のON/OFFをチェックボックスで切り換える

□ 画像を表示 ⇔ ☑ 画像を表示

トグルボタン
- 項目のON/OFFをボタンで切り換える
- タッチの箇所が分かりやすい

OFF ⇔ ON

②複数の項目から1つ選択するGUIパーツ

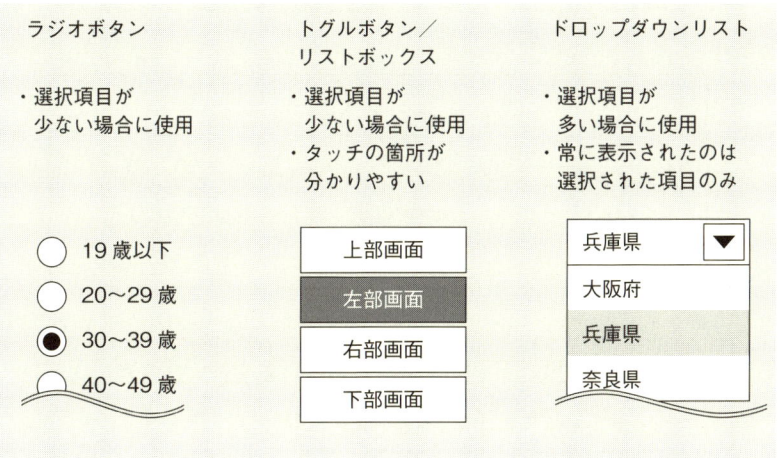

ラジオボタン
- 選択項目が少ない場合に使用

○ 19歳以下
○ 20〜29歳
● 30〜39歳
○ 40〜49歳

トグルボタン／リストボックス
- 選択項目が少ない場合に使用
- タッチの箇所が分かりやすい

上部画面
左部画面
右部画面
下部画面

ドロップダウンリスト
- 選択項目が多い場合に使用
- 常に表示されたのは選択された項目のみ

兵庫県 ▼
大阪府
兵庫県
奈良県

③複数の項目から複数選択するGUIパーツ

チェックボックス
- 選択項目が多くなった場合、グループ化したり、リスト表示にするといった工夫を行う

□ menu1　☑ menu5
☑ menu2　☑ menu6
□ menu3　□ menu7
□ menu4　□ menu8

図5.6.1　GUIパーツの種類（1）

5.6 (2) GUIパーツの作成②

2) 調整するGUIパーツ

①スライダー：アナログな数値調整に用いる。バーをスライドさせて調整する。スライダーが表示と連動する場合は、関連が分かりやすいよう配慮する。また、バーの向きは対象の特性に合わせて向きを変える（音量はスライダを縦に配置するなど…）。

②スピンコントロール：デジタルな数値調整に用いる。上下の三角ボタンで調整する。画面サイズが限られている場合に有効であるが、ボタンが小さいため使用には注意が必要である。調整する数値が明らかな場合は、ドロップダウンリストを用いてもよい。

③スクロールバー：画面より大きな情報を示す際に、現在のスクロール位置の調整を行う。画面のスクロールのみに使用する。

④ボタン（拡大／縮小）：ボタンによっても調整することができる。その際には、適切なアイコンや表現により直感的な操作が可能となる。

3) 入力するGUIパーツ

①入力ボックス（通常）：ユーザーが自由に文字を入力するGUIパーツである。キーワード検索などで用いられている。入力ボックスの横または上には項目を示し、入力に戸惑うものは、入力例などを提示して補助をする。

②入力ボックス（制約付き）：電話番号や郵便番号などのフォーマットが指定されている項目で使用する入力ボックスである。注意書きを読まなくても、直感的に理解できるため、フォーマットが指定されている場合できるだけこちらを用いる。

③入力ボックス（検索機能付き）：入力ボックスを検索機能と連動させて、文字を入力するたびに候補ワードがリストアップされるようにしたものである。全ての文字を入力する必要がないため、効率が良い。特に文字入力に負荷があるタッチパネルなどで便利である。

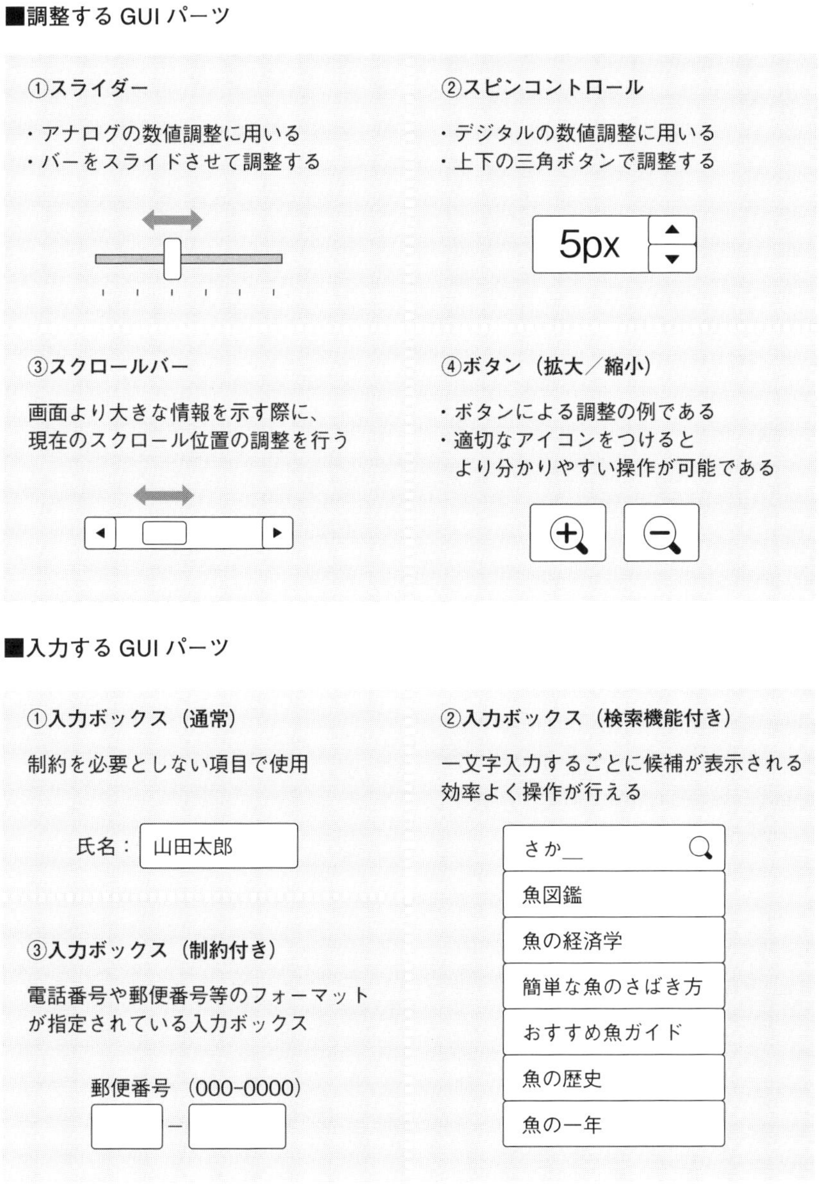

5.6 (2) GUIパーツの作成②

■調整するGUIパーツ

①スライダー
・アナログの数値調整に用いる
・バーをスライドさせて調整する

②スピンコントロール
・デジタルの数値調整に用いる
・上下の三角ボタンで調整する

③スクロールバー
画面より大きな情報を示す際に、現在のスクロール位置の調整を行う

④ボタン(拡大／縮小)
・ボタンによる調整の例である
・適切なアイコンをつけると
　より分かりやすい操作が可能である

■入力するGUIパーツ

①入力ボックス(通常)
制約を必要としない項目で使用

氏名：山田太郎

②入力ボックス(検索機能付き)
一文字入力するごとに候補が表示される
効率よく操作が行える

さか

魚図鑑
魚の経済学
簡単な魚のさばき方
おすすめ魚ガイド
魚の歴史
魚の一年

③入力ボックス(制約付き)
電話番号や郵便番号等のフォーマットが指定されている入力ボックス

郵便番号 (000-0000)

図5.6.2　GUIパーツの種類(2)

5.7　(1) 操作フロー（手順）の検討

(1) 操作フロー（手順）の検討

　操作フローとは、操作の手順・流れのことである。目的達成のために操作手順が必要な現在の GUI において、操作フローは大変重要である。ユーザーの目的が全て自動で達成できれば操作フローは不要となる。今後は、音声入力方式で操作フローが不要なユーザインタフェースが実現するかも知れないが、全ての機器への適応は難しい。

　操作フローは下記を考慮し、検討する。
　①ユーザーが目的達成のために取る"タスク"の実行順に従い設定する。
　②タスクや機能の単位を1つの要素として設定する。
　③操作フローの各タスクに対し、画面が対応するとは限らない。
　　（1画面内に複数のタスクが含まれる場合が多い。）
　④操作フローを決定した後、画面単位のフローを検討する。
　⑤画面のフローは画面遷移図で検討する。

(2) 操作フローにおけるタスク移動

　操作フローにおけるタスクの移動は、下記の5種類[7]から選択する。
　①次タスクへ自動的に移行する
　②選択、条件によりタスクを分岐する
　③システムの起点に戻る
　④1つ前のタスクに戻る
　⑤現在のタスクを一時中断して別のタスクへ分岐する

(3) フローチャートの作成

　フローチャートは、操作の流れを記号で示すものである。JIS X 0127「計算機システム構成の図記号と用法[8]」を参考にして操作タスクの流れを表現する。
　①"端子""分岐""処理"の3種類の記号を用いて、関係を線で結ぶ

5.7 （1）操作フロー（手順）の検討

②基本的には上から下の順に操作が流れる

③左方向または上報告に進む時は矢印で表す

下記の記号を用いてフローチャートを作成する

端子（はじめ、おわり）　　　処理（計算、入出力など）

分岐（右の5種類から選択）----
①次タスクへ自動的に移行する
②条件によりタスクを分岐する
③システムの起点に戻る
④1つ前のタスクに戻る
⑤現タスクを一時中断して別タスクへ分岐する

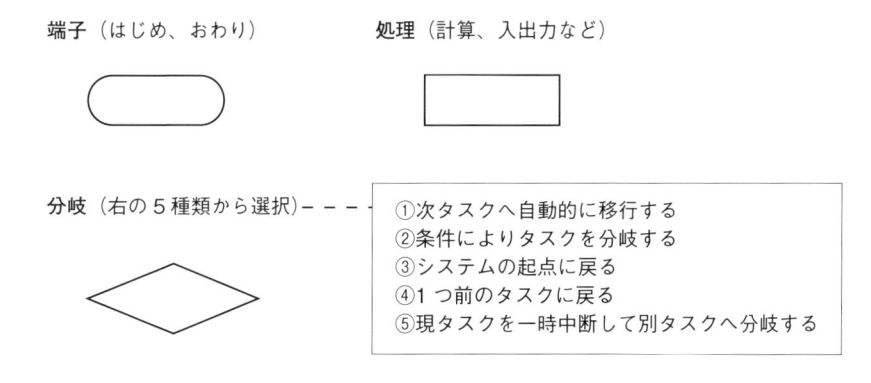

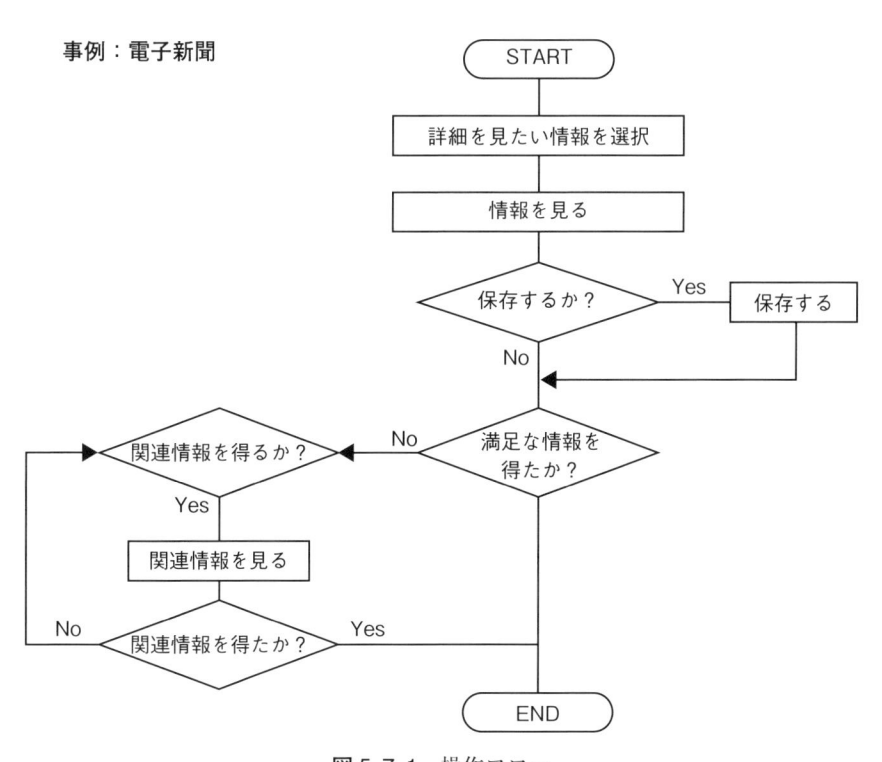

事例：電子新聞

```
          START
            │
   詳細を見たい情報を選択
            │
         情報を見る
            │
       保存するか？ ──Yes──→ 保存する
            │No                │
            ←──────────────────┘
            │
   ┌──No── 満足な情報を得たか？
   ↓
関連情報を得るか？
   │Yes
関連情報を見る
   │
関連情報を得たか？ ──Yes──→
   │No                       │
   └─────────────────────────┘
                              │
                             END
```

図 5.7.1　操作フロー

5.7 （2）タスク構造

　タスク構造とは、各タスクの関係を図示したものである。タスク構造を可視化することにより、メニュー項目の関係やタスクの全体的な流れを俯瞰して確認することができる。

（1）タスク構造の種類

　体表的なタスク構造は下記の6種類である。

①階層型構造：大分類から小分類へ階層的にタスクを分類する構造
　　・利点：分類が明確なタスクであれば、明快で分かりやすいタスク構造。
　　・欠点：複数の意味を持つタスクの場合、分類が難しい。

②情報集約型構造：複数のタスクから目的のタスクへたどり着ける構造
　　・利点：複数の意味を持つタスクがある場合に向いている。
　　・欠点：階層化されていないため、ユーザーがタスク構造を把握できない。

③並列（タブ）型構造：並列型のタスク構造
　　・利点：内容が大きく異なるタスクを同時に並べることができる。
　　・欠点：関連性のあるタスク同士には適していない。

④直線（リニア）型構造：一方向にタスクが進んでいく構造
　　・利点：方向がはっきりしているため、確実に操作できる。
　　・欠点：タスクの数が多い場合は、ユーザーが疲れる。

⑤リンク構造：ウェブのように、複数のタスク同士がつながっている構造
　　・利点：方向性がなく、後からでもタスクを追加しやすい。
　　・欠点：操作の方向性が全くないため、確実な操作には向いていない

⑥放射状型構造：トップ画面を起点として、放射状にタスクがつながっている
　　・利点：タスクの途中でも、トップ画面に戻ることができる。
　　・欠点：タスクの数が多い場合は、構造を理解しづらくなる。

　通常のユーザインタフェースは、複数の種類のタスク構造で構成されている。例えば、デジタルカメラの設定画面は「基本設定」と「カメラ設定」の切り換

えはタブ型構造で、基本設定内のメニューは階層構造になっていることが多い。

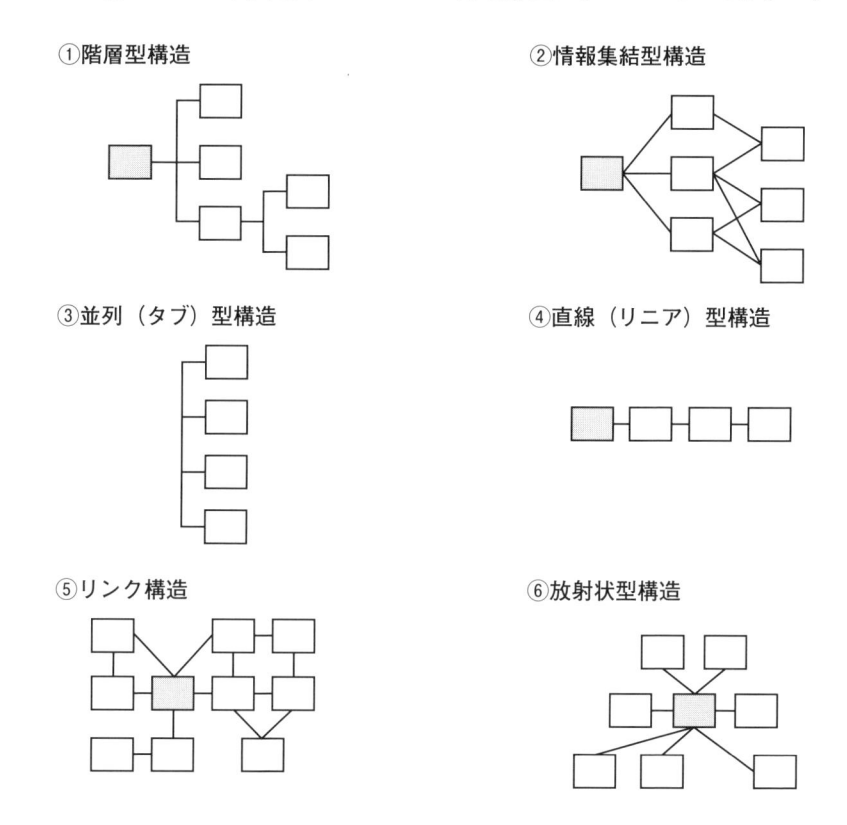

①階層型構造

②情報集結型構造

③並列（タブ）型構造

④直線（リニア）型構造

⑤リンク構造

⑥放射状型構造

通常、複数のタスク構造で構成される（例：空調リモコン）

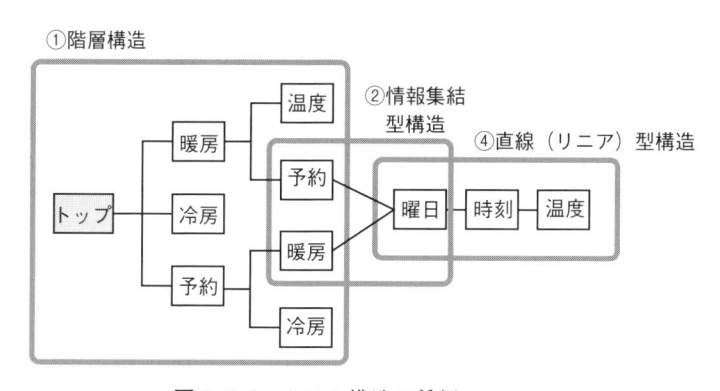

①階層構造　②情報集結型構造　④直線（リニア）型構造

図5.7.2　タスク構造の種類

5.7　(3) 画面遷移図の作成

　画面遷移図とは、操作時の画面の流れを時間軸で作成したものである。各画面のレイアウトやアイコンを使いやすくデザインしても、画面遷移が悪ければユーザーは操作することに不満を感じてしまう。画面遷移図により、背景や作業の文脈を盛り込んだ具体的な利用状況を確認することができる。

(1) 画面遷移図で用いるタスクの検討

　全ての状況を作成は難しいため、代表的な操作状況を設定して画面遷移図を作成する。"操作の流れに一貫性があるか"、"次の画面に移動するための手掛かりはあるか""タスクの途中でキャンセル可能か"などの操作性について検討する。

(2) UX項目の検討

　操作性に加え、UXについても検討する。画面遷移で検討するUXは、ユーザインタフェースの使用中にユーザーが感じる経験である。UXは、主に「体験前」「体験中」「体験後」の3つの時間軸で検討する。例えば、各画面や画面が切り換わったときのUXは「体験中」である。各時間軸で、ユーザーが感じる体験は下記である。

「主に、体験前」
①非日常性の感覚を得る：日常生活ではあまり体験したことがないようなこと
②憧れの感覚：その体験・モノに憧れや期待がある

「主に、体験中」
③利便性の感覚：モノ・ことが便利であれと感じる
④五感から得る感覚：五感（視覚、聴覚、嗅覚、触覚、味覚）から何らかの感覚が得られる
⑤一体感を得る感覚：体験を通して一体感を得られる感覚

5.7 (3) 画面遷移図の作成

「主に体験後」
⑥獲得の感覚：体験を通して達成感を得られる達成感、充実感

UX 項目（6 項目）を設定する

主に、体験前
　①非日常性の感覚を得る：日常生活ではあまり体験
　　　　　　　　　　　　　したことがないようなこと

　②憧れの感覚：その体験・モノに憧れや期待がある

主に、体験中、体験後
　③利便性の感覚：モノ・ことが便利であれと感じる

　④五感から得る感覚：五感（視覚、聴覚、嗅覚、触覚、味覚）
　　　　　　　　　　　から感覚が得られる

　⑤一体感を得る感覚：体験を通じて一体感を得られる感覚

　⑥獲得の感覚：体験を通して達成感を得られる達成感、充実感

→ ①喜び　②驚き　③興奮

観賞日選択 → 作品選択 → 上映時間選択 → チケット選択

①非日常の感覚　　②利便性の感覚　　③五感から得る価格

体験前 | 体験中 | 体験後

Max
Min

UX 度

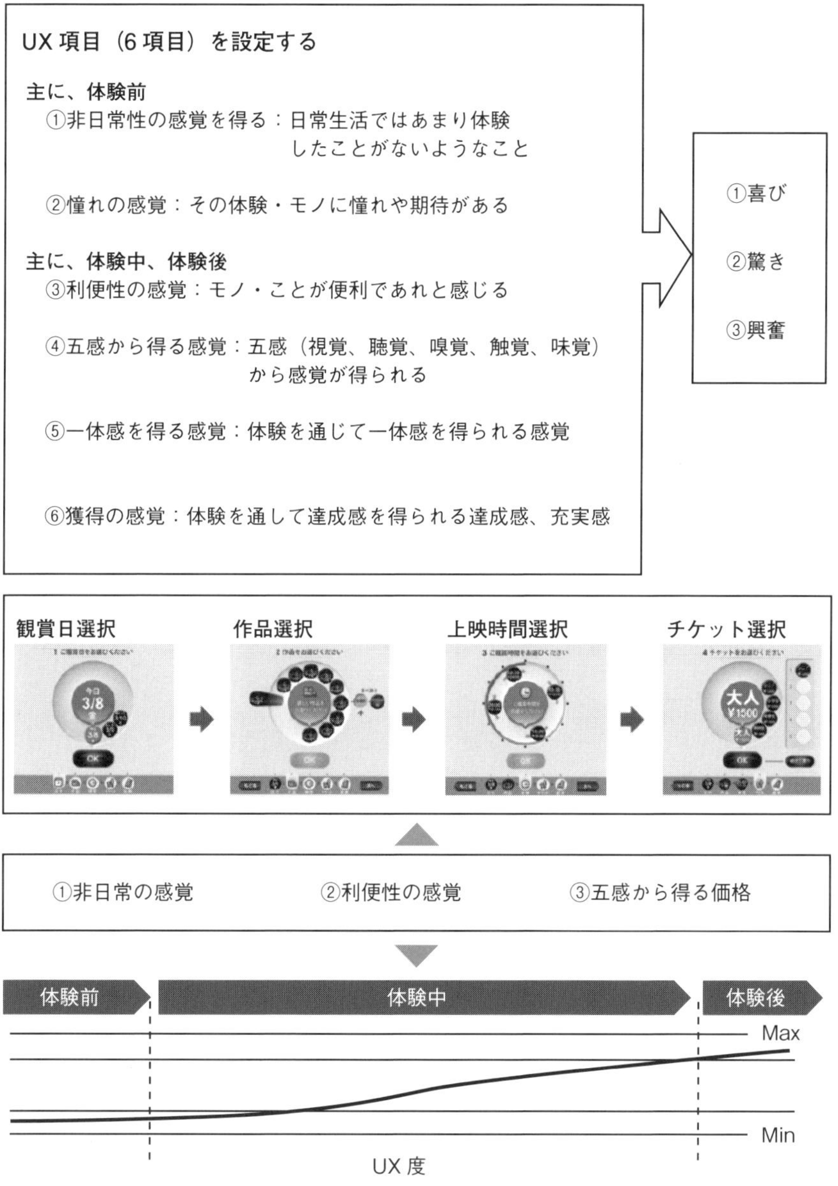

図 5.7.3　画面遷移図の作成

5.8 （1）プロトタイプの作成

（1）操作方法のシミュレーション

　画面遷移図で検討した"操作の流れ"が問題ないか検証するためには、操作方法をシミュレーションし、評価する必要がある。操作のシミュレーションには"プロトタイプ"を作成する。プロトタイプとは試作模型のことである[9]。プロトタイプによる評価検証はできるだけ早い段階に行うのが理想である。

　簡易なプロトタイプを作成し、インタフェースを段階的に詳細化していく方法をラピッドプロトタイピングと呼んでいる。試作と評価を繰り返し、改良を重ねることにより、後からの手戻りを防ぐことができる。品質管理部門などが実施するユーザビリティ評価は、通常、開発後期に実施する。そのため、操作性の問題が発見されても後戻りができない。そこで、開発の初期段階であるデザイン検討時からプロトタイプにより動作チェックやユーザビリティ評価を行い、改善と評価の繰り返し、完成度を上げることが必要である。

（2）プロトタイプの種類

　ユーザインタフェースデザイン開発においては、忠実度の低い（低忠実度）プロトタイプから始まり、徐々に忠実度の高い（高忠実度）プロトタイプに移行するという手順を踏むのが一般的である[10]。操作性は、操作画面とのインタラクション以外に、入力デバイスも大きく関係する。

　例えば、デスクトップコンピュータの場合、入力デバイスはキーボードやマウスである。そのため、マウスの持ちやすさやキーボードの打ちやすさも関係してくる。キヨスク端末などであれば、タッチパネル画面が入力装置と出力装置を兼ねており、画面上のボタンのサイズや色が押しやすさに関係してくる。

　下記のプロトタイプを段階ごとに作成し、操作性を評価する。

①ペーパープロトタイピング：操作画面のレイアウト、階層構造の評価を行う。

②3Dモデルによる検証：入力デバイスの形状、押しやすいサイズなどを検

5.8 (1) プロトタイプの作成

討する。
③アニメーションソフト：インタラクションによる評価を行う。
④モックアップによる検証：入力デバイスを用いたインタラクションの評価を行う。

	認知的側面の検証	身体的側面の検証
・低コスト ・短時間で制作可能 ・充実感が低い（未完成） ↕ ・忠実度が高い（製品に近い） ・制作に時間が掛かる ・高コスト	ペーパープロトタイピング 操作画面のレイアウト、階層構造の評価 アニメーションソフト アニメーションやインタラクションの評価 モックアップ	3D モデル 入力デバイスの形状、押しやすいサイズなどの検討 入力デバイスを用いたインタラクション評価

図 5.8.1　プロトタイプの種類

5.8 (2) ペーパープロトタイピング

(1) ペーパープロトタイプの利点

　紙芝居の要領で操作画面を検証するペーパープロトタイプは、容易に作成できるプロトタイプである。"各画面のレイアウト""メニュー構造"や"操作手順"のユーザビリティを評価できる。ユーザインタフェースデザインのコンセプトをラフな形で提示するのにも適している。

　ラフな手書きのスケッチが用いられることから、低忠実度プロトタイプと言われている。最終デザインに忠実ではない分、見た目に左右されずに機能の評価ができる。また、ユーザーの行動や発話から問題点発見すると、"その場"で容易にプロトタイプを修正できる。修正後のプロトタイプを使ってすぐにユーザビリティ評価を行うことができるため、短時間で反復的なデザインが可能である。利点として次の5つが考えられる[11]。

①初期段階でユーザーからのフィードバックを多く得ることができる。
②迅速な反復開発を促進させる。数多くのアイデアを試すことができる。
③開発チーム内や顧客との間のコミュニケーションが活性化される。
④技術的なスキルを必要としないため、異分野のチームで協力し合える。
⑤製品開発のプロセスにおいて創造性が向上する。

(2) ペーパープロトタイプで検証できないこと

　ペーパープロトタイプの利点が欠点になることもある。忠実度の低いペーパープロトタイプは専門家が評価する場合は適している。ラフなデザインでも、それが表現している概念を理解して評価することができるからである。しかし、一般のユーザーに実験協力してもらう場合は、未完成な状態であるペーパープロトタイプの影響を受けやすい。粗雑なプロトタイプと完成度の高いプロトタイプの2つがあれば、一般的に完成度の高いプロトタイプの方が評価は高くなる傾向にある[12]。ペーパープロトタイプで評価できる項目は限られるため、開発の初期段階の活用が有効である。開発後期では忠実度の高いプロトタイプに

よる評価が必要である。

利点
①容易にユーザーからの意見を得ることができる。
②数多くのアイデアを試すことができる。
③開発者間のコミュニケーションが活性化される。
④技術的なスキルを必要としない。
⑤異分野のチームで協力し合える。

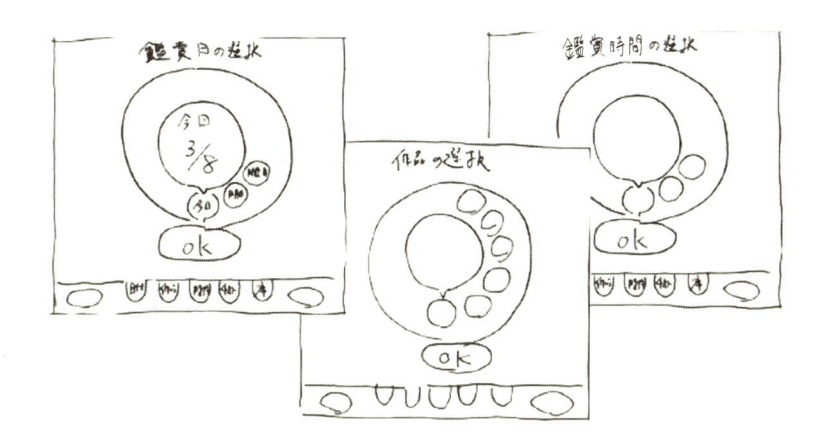

図5.8.2　ペーパープロトタイプ

5.8 (3) シミュレーションについて（モーションプロトタイプ）

ペーパープロトタイプで評価できない項目は下記2点である。
①ボタンの押しやすさなどの入力デバイスを交えた評価
②アニメーションや動画を交えたインタラクションの評価
これらの評価は、別の方法でプロトタイプを作成し、評価する必要がある。

(1) 3Dプリンタを用いた形状評価

ボタンやダイヤルなどの入力デバイスを新たなデザインで検討する場合、サイズや形状の握りやすさ、押しやすさなどを検証する必要がある。近年は"3Dプリンタ"により形状検討が容易となった。3D-CADで設計した形状データがあれば、原寸大のモデルが容易に作成できるようになった。

(2) アニメーションソフトを用いたインタラクション評価

ペーパープロトタイプは静的な評価である。それに対し動的な評価はアニメーションソフトなどを用いての評価が必要となる。優れたUXを提供するユーザインタフェースは、操作画面とユーザーとのインタラクションが優れている。インタラクションとは、ユーザーと機器との相互作用のことである。

(3) タッチパネルプロトタイプによるインタラクション検討

タッチパネルプロトタイプは、先述のアニメーションソフトで作成したプロトタイプをタッチパネルディスプレイに表示させて検証する方法である。タッチパネルディスプレイ上のデザイン案を直接触り、疑似操作を行うことができ、音声出力も可能である。"見栄え"に関しては対象が画面の場合の忠実度は高い。しかし、ハードスイッチなどについては、画面上で疑似操作することとなる。一方、タッチパネルディスプレイを用いることにより、押しボタン式のスイッチに関しては、通常のコンピュータで用いるマウス操作に比べ忠実度は高い。"インタラクション"に関して、画面上の動きや音声の再現性は高い。入力

5.8 (3) シミュレーションについて（モーションプロトタイプ）

装置がダイヤル式や特殊な入力デバイスである場合は、再現性が低くいため、モックアップによる検証が必要となる。

3Dプリンタを用いた形状評価

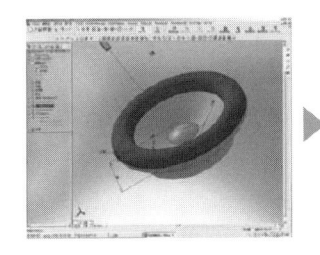

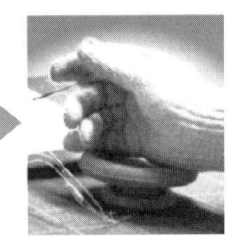

3D-CADで形状設計　▶　3Dプリンタで形状出力　▶　持ちやすさの検討

タッチパネルプロトタイプによるインタラクション検討

①デザイン要素をパーツ化する

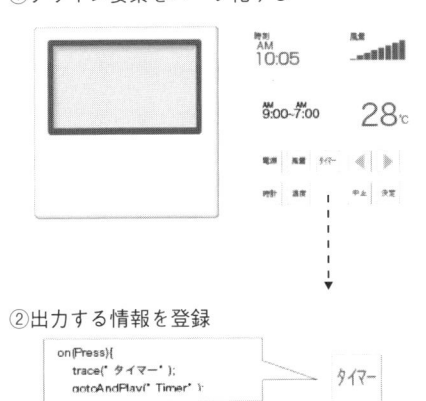

②出力する情報を登録

③動きのある画面を作成

④プロトタイプ作製

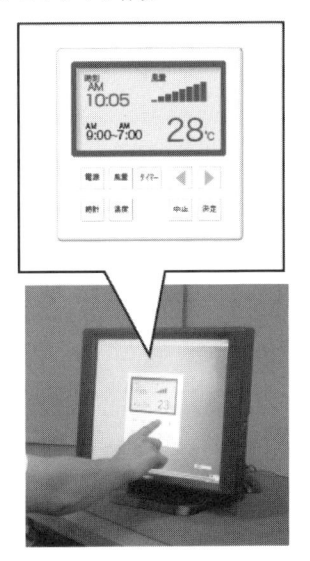

図5.8.3　シミュレーションによる評価

参考文献

[1] Jacob, R. J. K.：Human-computer interac-tion：Input devices. ACM Computing Surveys.Vol.28, pp.177-179（1996）

[2] Jenifer Tidwell：Designing Interfaces, Oreilly & Associates Inc（2011）

[3] Theresa Neil：Mobile Design Pattern Gallery, Oreilly & Associates Inc,（2012）

[4] 池田拓司：スマートフォンのためのUIデザインユーザー体験に大切なルールとパターン，ソフトバンククリエイティブ（2013）

[5] Dan Saffer, 吉岡いずみ（訳）：インタラクションデザインの教科書，p.72，毎日コミュニケーションズ（2008）

[6] 山岡俊樹 編著：ハード・ソフトデザインの人間工学講義，pp.291-296，武蔵野美術大学出版局（2002）

[7] 山岡俊樹 編著：ハード・ソフトデザインの人間工学講義，pp.273-276，武蔵野美術大学出版局（2002）

[8] JIS X 0127, 計算機システム構成の図記号と用法（1988）

[9] Dan Saffer, 吉岡いずみ（訳）：インタラクションデザインの教科書，p.17，毎日コミュニケーションズ（2008）

[10] 黒須正明，伊藤昌子，時津倫子：ユーザ工学入門，pp.32-34，共立出版（1999）

[11] キャロリン・スナイダー，黒須正明（訳）：ペーパープロトタイピング，オーム社（2004）

[12] 井上勝雄：PowerPointによるインタフェースデザイン開発，pp.40-43，工業調査会（2009）

引用文献

(1) 太田幸夫：標準化と品質管理，p.48，Vol.43，7，1990

(2) 山岡俊樹，岡田明：応用人間工学の視点に基づくユーザインタフェースデザイン実践，pp.153-155，海文堂，1999

6章

評　価

　可視化されたUX・情報デザインは、評価をされてその完成度を高めなければならない。本章では、簡単な方法（チェックリスト、プロトコル解析とパフォーマンス評価、SUM）と本格的な方法（ユーザビリティタスク分析）を紹介する。これらの方法は扱うシステムにより選択されればよい。

6.1 評価とは（V＆V評価）

(1) V＆V評価とは

　可視化されたデザイン案に対して、その案が計画どおりできたのか、またその目的に適合しているのか評価し、そうでないならば、適合するように再度デザインしなくてはいけない。この計画、つまりコンセプト、設計書や仕様書どおりできたのか調べるのが検証（Verification）[1]である。一方、コンセプトや設計書だけでは決められていない具体的な使いやすさなどの項目に関して、システムや製品の目的に合うように設計されているのか調べる妥当性確認（Validation）[1]がある（図6.1.1）。

(2) V＆V評価の有用性

　V＆V評価の有用性は、評価に適切な判断を下せるということである（図6.1.2）。例えば、低価格の洗濯機のユーザビリティ評価を行うと、モニターから安っぽい仕上げとか、形状や色が嫌いだとか様々な指摘を受ける。それでは安っぽくしないために、値の張る高級な仕上げを施すとコストが高くなり、低価格というコンセプトからはずれてしまう。これは分かりやすい例であるが、高級品などの場合、様々な機能がありデザインとの絡みもあり分からなくなってしまうので、こういう場合はV＆V評価に従って評価を下せばよい。このような場合、製品コンセプトを参照しながらコスト以外の要因であるデザイン、使い勝手などが商品と成立する最低レベルを超えているのかチェックすることである。もちろん、最低限のレベルを超えているからよいというものではなく、他社との比較を行い、どの製品構成要素を上げるのかも検討しなければならない。

(3) 妥当性確認

　妥当性確認のための評価手法には、ユーザーを使って行うユーザーテストと使わないで専門家のみで行うインスペクション法がある。ユーザーテストの代

6.1 評価とは（V & V評価）

表がプロトコル分析（protocol analysis）であり、インスペクション法の代表が10項目を使って評価を行うヒューリスティク評価法（heuristic evaluation）である。ユーザビリティは以下に示す5つの尺度[2]から構成されているが、この尺度を使って妥当性確認を行ってもよい。①学習の容易性、②効率性、③記憶のしやすさ、④エラー、⑤主観的満足度

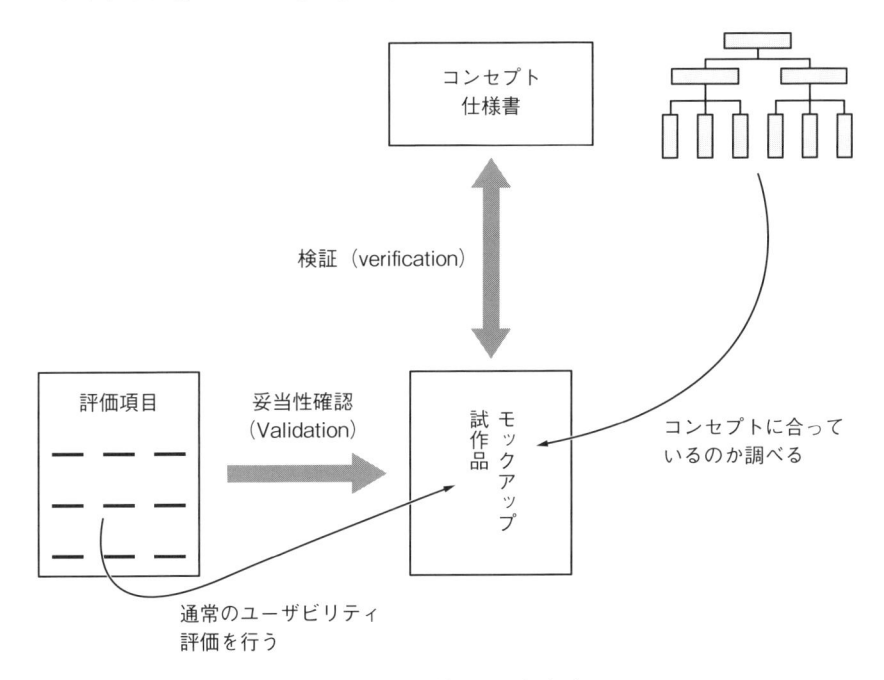

図6.1.1　2種類の評価方法

コンセプト：「コスト最優先」、「デザインと使い勝手は合格」

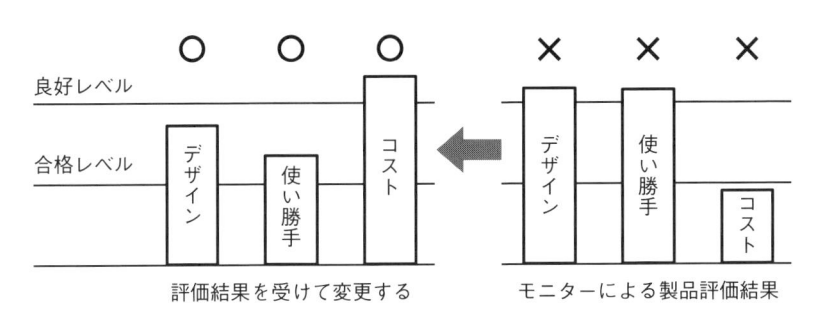

図6.1.2　評価を行いデザイン案にフィードバックする

6.2 GUIチェックリスト

GUIデザインチェックリストの概要

GUIデザインチェックリスト（**表6.2.1**）[3]は、画面可視化の3原則[4]、画面インタフェースデザインの6原則[5]や後述するSUMの評価項目などをベースに作られたチェックリストである。GUIチェックリストは、GUI（画面）デザインに係る項目、GUI（画面）に係る項目およびGUI全体に係る項目から成る。

(1) GUI（画面）デザインに係る項目

①見やすくなっているか

見るための4条件（視角、コントラスト、明るさ、露出時間）から見やすくなっているのか調べる。

②重要な情報は強調されているか

強調は、文字を太く大きくしたり、背景色を強い色にする。

③レイアウト、情報は簡潔になっているか

画面上のパーツが整然とレイアウトし、簡潔な情報で分かりやすくする。

(2) GUI（画面）に係る項目

④手掛かりなどによって、容易に「情報の入手」や「操作の誘導（ナビゲーション）」がなされているか

矢印・番号などの手掛かりにより、重宝入手を容易にし、ユーザーを誘導する。

⑤分かりやすい用語を使っているか

多様なユーザーが理解できる用語を使い、二重否定や多義性のある言葉を使わない。

⑥情報は冗長となっているか

分かりやすくするため、ある情報に対し、視点の異なる情報を一緒に提供する。

⑦情報間の関係付け（マッピング）は適切か
　情報を効率よく入手できるように、情報間の関係付けをする。
⑧視覚あるいは聴覚などのフィードバックがあるか
　フィードバックとは、ユーザーの入力に対する機械側からの反応である。このフィードバックによりユーザーは安心を得ることができる。
⑨操作時間は適切か
　1つのタスクの操作時間は、目安として2分以内ならば適切と考える。
⑩操作した時間の経過が分かるようになっているか（表示されているか）
　操作している時間がどの程度経過したのか、分かるようにする。

(3) GUI 全体に係る項目

⑪一貫性は考慮されているか
　一貫性を確保するため、一度決めた GUI 上の取り決めは守る。
⑫階層構造が分かるようになっているか
　階層構造によって、自分の場所が分かるようにする。
⑬ユーザーのメンタルモデルを考えて、インタフェースは作られているか
　ユーザーの GUI に対して持つ操作イメージ（メンタルモデル）に対応して、インタフェースが構築されるようにする。
⑭システム全体が把握できるようになっているか
　システム全体を把握できるようなインタフェースデザインにする。
⑮エラーしても、問題とならないデザインとなっているか
　インタロック設計（ある手順を踏まないと操作ができない）やフールプルーフ設計（操作ミスをしても、ユーザーに対して安全になっている）などの対応を確認する。
⑯柔軟性があるか、あるいはカスタマイズ可能か
　柔軟（カスタマイズ）が対応ができるような GUI にする。
　その他、気が付いた事項 [　　　　　　　　　　　　　　　　　　　　　]
　評価は、「全くよく該当する」「やや該当する」「どちらでもない」「やや該当しない」「全く該当しない」の5段階で評価する。あるいは簡単な「該当する」

6章 評価

表6.2.1 GUIデザインチェックリスト

チェック項目	評価
①見やすくなっているか	該当する ─── どちらでもない ─── 該当しない
②重要な情報は強調されているか	該当する ─── どちらでもない ─── 該当しない
③レイアウト、情報は簡潔になっているか	該当する ─── どちらでもない ─── 該当しない
④手掛かりなどによって、容易に「情報の入手」や「操作の誘導（ナビゲーション）」がなされているか	該当する ─── どちらでもない ─── 該当しない
⑤分かりやすい用語を使っているか	該当する ─── どちらでもない ─── 該当しない
⑥情報は冗長となっているか	該当する ─── どちらでもない ─── 該当しない
⑦情報間の関係付け（マッピング）は適切か	該当する ─── どちらでもない ─── 該当しない
⑧視覚あるいは聴覚などのフィードバックがあるか	該当する ─── どちらでもない ─── 該当しない
⑨操作時間は適切か	該当する ─── どちらでもない ─── 該当しない
⑩操作した時間の経過が分かるようになっているか（表示されているか）	該当する ─── どちらでもない ─── 該当しない
⑪一貫性は考慮されているか	該当する ─── どちらでもない ─── 該当しない
⑫階層構造が分かるようになっているか	該当する ─── どちらでもない ─── 該当しない
⑬ユーザーのメンタルモデルを考えて、インタフェースは作られているか	該当する ─── どちらでもない ─── 該当しない
⑭システム全体が把握できるようになっているか	該当する ─── どちらでもない ─── 該当しない
⑮エラーしても、問題とならないデザインとなっているか	該当する ─── どちらでもない ─── 該当しない
⑯柔軟性があるか、あるいはカスタマイズ可能か	該当する ─── どちらでもない ─── 該当しない
その他、気が付いた事項	

表6.2.2 ある画面に対するGUIデザインチェックリストによる結果

チェック項目	評価結果（平均、（標準偏差））
①見やすくなっているか	4（1.00）
②重要な情報は強調されているか	3.6（0.73）
③レイアウト、情報は簡潔になっているか	3.6（0.93）
④手掛かりなどによって、容易に「情報の入手」や「操作の誘導（ナビゲーション）」がなされているか	3.2（0.68）
⑤分かりやすい用語を使っているか	2.6（0.73）
⑥情報は冗長となっているか	2.4（0.45）
⑦情報間の関係付け（マッピング）は適切か	3.4（0.45）
⑧視覚あるいは聴覚などのフィードバックがあるか	4.6（0.45）
⑨操作時間は適切か	3.6（0.45）
⑩操作した時間の経過が分かるようになっているか（表示されているか）	1.8（0.37）
⑪一貫性は考慮されているか	4 0.58）
⑫階層構造が分かるようになっているか	3.8 0.89）
⑬ユーザーのメンタルモデルを考えて、インタフェースは作られているか	2.4 0.45）
⑭システム全体が把握できるようになっているか	2（0）
⑮エラーしても、問題とならないデザインとなっているか	3.8（（1.06）
⑯柔軟性があるか、あるいはカスタマイズ可能か	2.6 0.45）
その他、気が付いた事項	

「しない」の2段階の評価でもよい。

(4) GUIデザインチェックリストの活用方法

　各評価項目の評価点を見て、どの項目が悪いのか良いのか把握する。(1) GUI（画面）デザインに係る項目、(2) GUI（画面）に係る項目および(3) GUI全体に係る項目ごとの各評価点の平均値を求め領域の特徴を理解する。さらに、各評価項目の平均点とその標準偏差を調べる。標準偏差が大きいことはばらつきが大きいので、意見が割れていることでもある。評価者のレベル（初心者、中級者、上級者）により結果が異なるので、レベルごと分けてデータ解析をする。

　チェックの作業は画面ごとチェックするか、全画面を通した総合評価を行ってもよい。評価の使い方や評価者の負担も考え選択すべきであろう。

6.3 プロトコル解析とパフォーマンス評価

(1) プロトコル解析

　プロトコル解析は実験者が実験協力者に対し、製品やシステムの操作中に困ったことや感じたことを述べてもらい、その発話内容や実験協力者の操作中の行為などから、ユーザインタフェース上の問題点を抽出する方法である。得られた問題点から改善案を作る。実験協力者数は10人程度欲しいが、5名程度でもある程度の問題点を抽出できる。

　長所はユーザーが製品を実際に操作し、困ったことや問題と感じた問題点を容易に、自然に見つけることができる点である。一方、短所は詳細に検討すると分析に時間が掛かる点や、定量的なデータの取得が困難な点である。また、ユーザーが操作に夢中になると発話してくれなくなる。そこで、その対策として以下の2つのバリエーションがある。

　①複数人の実験協力者によるプロトコル解析（Co-discovery）[6]（図6.3.1）
　仲の良い実験協力者を2名以上の組みにして、実験協力者同士で相談しながら操作をしてもらい発話を得る方法である。親しい間柄なので困ったことやいろいろ感じたことを、自然に、気楽に発話してもらう利点がある。

　②実験者が実験協力者に質問を行って発話を促す
　実験者が操作中の実験協力者に、今「何が分からないのか」、「何が問題になっているのか」、「何を考えているのか」などの質問をして、製品やシステムの問題点を抽出する方法である。このような手掛かりにより実験協力者は発話するようになる。

(2) パフォーマンス評価

　あるタスクに対する作業成績をパフォーマンスという。方法として、操作・作業時間やエラー率などのパフォーマンスを計測し、タスクの効率などを定量的に評価する（図6.3.2）。実験協力者数として、10名程度は必要であろう。長所はタスクの効率などを定量的に調べることができるが、短所はあくまで効率

の側面のみの評価で、感覚的な側面は評価できないことである。特に、操作時間の掛かった、あるいはエラーの頻度が多いタスクは、インタフェース上の問題点があると言える。さらに、製品間のタスクのパフォーマンス比較も行うと様々なデータを入手でき、設計に有効に反映できる。

発話をしてもらうための方策：
①仲の良い実験協力者を2名以上の組みにして、実験協力者同士で相談しながら操作をしてもらい発話を得る。
②実験者が操作中の実験協力者に、今「何が分からないのか」、「何が問題になっているのか」、「何を考えているのか」などの質問をして、製品やシステムの問題点を抽出する。

図6.3.1　複数人の実験協力者によるプロトコル解析

パフォーマンス評価
操作・作業時間やエラー率などのパフォーマンスを計測し、タスクの効率などを定量的に評価する。

図6.3.2　パフォーマンス評価

6.4 SUM

(1) SUMの概要

SUM（Simple Usability evaluation Method）[7],[8]は、3ポイントタスク分析[9]とASQ（After-Scenario Questionnaire）[10]を参考に考案された簡易ユーザビリティ評価方法である。目的は、各画面（タスク）において、詳細な問題点ではなく、3つの評価軸を使って、大きな問題点の抽出を短時間で行うことである。

大きな問題点を抽出できる「用語と情報の冗長性」「ナビゲーション」「操作時間・その他」の3項目で評価を行い、最後にその画面で「次の画面に遷移できたのか」の観点から評価をする。以下に3評価項目の説明をする。

①用語と情報の冗長性

用語は操作する上で重要なキーワードである。用語の意味が分からなければ、そこから先に進めることができない。情報の冗長性は、ある情報に関して、様々な視点の異なる情報を一緒に提供することである。これによりある情報の意味が分からなくとも別の情報でその意味が分かる。例えば、公衆電話ではコインとカードで入金できるが、コインを持っていない場合、カードで対応できるので困ることはない。

②ナビゲーション

ユーザーを効率よく誘導できるかという視点から評価する。誘導の働きをする手掛かりにより、ユーザーは誘導されて次に行うタスクを行うことができる。矢印や番号などの手掛かりをうまく使うのがポイントである。

③操作時間・その他

GUIの種類やユーザーのレベルにより許容される操作時間は変わるので、一概には言えないが、目安として120秒以内で操作ができるのを使いやすいGUIとする。誰でも使い、なじみにあるGUIならば、許容される操作時間は短くなる。

まとめると、ユーザーは情報の意味を理解し、ナビゲーションにより誘導さ

れて操作を行い、これが120秒以内でできるとユーザビリティの良い画面と言える。

(2) 評価方法（表6.4.1および表6.4.2）

各画面に対して、3つの評価項目を使って評価を行う。

① good：問題なく操作ができた場合（0点）
② bad-1：問題があったが、次画面に進めることができた場合（-1点）
③ bad-2：問題があり、次画面に進めなかった場合（-2点）

その画面の総合評価では、以下の評価とする。

① 3項目全て問題がなかった場合のGUI画面の評価点は（1）点
② 3項目のうち、1項目だけ（-1点）があった場合のGUI画面の評価点は（0）点
③ 3項目のうち、1項目でも（-2点）があった場合のGUI画面の評価点は

表6.4.1 3評価項目とGUI画面の結果

	用語	ナビ	時間	GUI画面の評価
1	3項目全て問題がなかった場合			1点
2	3項目のうち、1項目だけ（-1）があった場合			0点
3	3項目のうち、2項目以上（-1）があった場合			-1点
4	3項目のうち、1項目でも（-2）があった場合			-1点

表6.4.2 SUMの活用例

画面	用語と情報の冗長性	ナビゲーション	操作時間・その他	総合評価
(1) ジャンル選択	-1	-1	0	-1
(2) 詳細ジャンル選択	0	0	0	0
(3) 記事の選択	0	0	0	0
(4) 記事の保存	0	0	0	0
(5) ジャンル選択	0	-1	0	-1
(6) 詳細ジャンル選択	0	0	0	0
(7) アルバムの選択	-1	0	0	-1
(8) 記事の確認	0	0	0	0

(−1) 点
④ 3項目のうち、2項目以上（−1）があった場合のGUI画面の評価点は（−1）点

「操作時間・その他」で、120秒以内で操作できた場合は、問題なしとする。総合評価が（−1）点の場合、問題あるので検討する。

(3) 活用方法

評価者は何名かの実験協力者に依頼するか、自ら行ってもよい。評価者自ら行う場合、初心者の立場で評価する。

操作画面に対して、「用語と情報の冗長性」、「ナビゲーション」、「操作時間・その他」の3項目を基に評価を行う。例えば、分からない用語があり、矢印などの手掛かりがありナビゲーションは問題ないが、操作時間は120秒以上掛かり、総合評価として次の画面に移ることができなった場合、以下のとおりである。

①用語と情報の冗長性：−1、②ナビゲーション：0、③操作時間・その他：−1

総合評価：bad-1（−1点）が2つあるので、−1点となる。

操作時間に関しては、目安として120秒としているが、多様なユーザーが使う公共機器、例えば券売機などでは、その時間を短く設定して評価する必要がある。各画面の総合評価点が−1点の場合は、問題がある画面である。複数の実験協力者で行うと、評価結果にばらつきが出るが、問題ある画面を特定することができる。評価者のスキルレベルが相違している場合、以下の検討を行う。

①初心者、上級者とも−1点ならば、本当に問題のある画面である

②初心者が−1点で、上級者が0か+1点が多い場合も、問題のある画面である

この場合、上級者の+1の数が初心者の−1の数より多くとも、初心者が使えないので、問題のある画面（−1点）と判断する

複数の実験協力者で評価する場合、評価結果は個別に見ていく。製品開発の過程で試作品検討会が行われるが、この会議で試作品の画面の評価点が（−1

点）の問題ある画面が1つでもあれば、認定しないなどの対策を取るとよい。あるいはデザインや設計の部門でも、同様の施策により製品の品質を保つことができる。

6.5 ユーザビリティタスク分析

(1) ユーザビリティタスク分析の概要

ユーザビリティタスク分析（表6.5.1）[11]、[12]、[13]、[14]はタスク分析を応用して行うユーザビリティ評価手法であり、ユーザー要求事項抽出方法でもある。製品でも操作画面のタスクでも評価できるが、操作画面に絞って説明する。

複数の操作画面のタスクに関し、ユーザインタフェース、デザイン上の良い点、悪い点についてユーザーにコメントを出してもらう。次にそれの評価について、良い、普通、悪い、の3段階評価を行う。操作画面の場合は、視覚情報が主となるので、5段階評価は難しいので、3段階評価（1、2、3）を行う。各画面の評価終了後、全体の総合評価をしてもらう。総合評価は良い点、悪い点および5点満点中の点数を申告してもらう。

(2) ユーザビリティタスク分析の活用方法

基本的なタスクを選び、その画面に対して評価を行っていく。実験者自身による評価、あるいは数名の実験協力者に評価を行ってもらう。初心者の場合、家電製品のようななじみのある製品ならば、良い点、悪い点に関する様々なコメントを得ることができる。しかし、GUIのように抽象化された世界でなじみがないので、コメントが少ないことも考えられる。そこで、場合によっては、8.2で述べたGUIデザインチェックリストで事前に評価をしてもらった後、この方法を使うと多種多様なコメントを得ることができると考えられる。良い点と悪い点のところは、自由記述であるが、ここを文章完成法にしてもよい。実験協力者に画面の良い点、悪い点について、「［　（A）　］は［　（B）　］ので［　（C）　］。」のスタイルで答えてもらう。例えば、良い点で、「［このボタンの表示］は［文字が大きい］ので［見やすい］」などが考えられる。これらのデータはDEMATEL法や形式概念解析により、抽出した項目間の関係が明確になる。自由記述によるデータは、良い点と悪い点に関して、それぞれグループ化し、さらに構造化することにより、GUIデザインの良い点、悪い点を容易に把

6.5 ユーザビリティタスク分析

握することができる。画面の評価点を説明変数、総合評価点を目的変数として、重回帰分析を行ってもよい。これにより総合評価に影響を与えている画面を特定することができる。このような重回帰分析をしなくとも、評価点が良い、悪いに突出しているタスクを抽出して、GUIデザインの特性をつかむことができる。

表6.5.1　シャープペンシルのユーザビリティタスク分析

タスク		(A) 廉価版の普通のシャープペン		(B) 本体が太いシャープペン	
取り出しやすさ	良い点	［重量］は［軽い］なので良い	良い点	［直径］は［大きい］なので良い	
	悪い点	［直径］は［小さい］なので悪い	悪い点	［本体］は［円筒状］なので悪い	
	評価点	4	評価点	5	
保持する	良い点	［形状］は［六角形］なので良い	良い点	［ゴム］は［滑りにくい］なので良い	
	悪い点	［本体］は［滑りやすい］なので悪い	悪い点	［重量］は［重い］なので悪い	
	評価点	4	評価点	5	
書く	良い点	［ゴム］は［滑りにくい］なので良い	良い点	［ゴム］は［滑りにくい］なので良い	
	悪い点	［直径］は［小さい］なので悪い	悪い点	［ペン先］は［見づらい］なので悪い	
	評価点	4	評価点	5	
＜省略＞					
総合評価	良い点	［重さ］は［軽い］なので良い	良い点	［ゴム］は［滑りにくい］なので良い	
	悪い点	［直径］は［小さい］なので悪い	悪い点	［重量］は［重い］なので悪い	
	評価点	2	評価点	5	

・Aのシャープペンの良い点で、重量は軽いので良いと評価しているが、一方Bの方では重いので悪いと評価している。このことから、この実験協力者は重量が重要な要求事項、あるいは重要な評価事項とわかる。
・本体に巻き付いているゴムは良いといろいろなタスクのところで良いと評価している。

参考文献

[1] 海保博之, 田辺文也 : ヒューマン・エラー, pp.144-147, 新曜社, 1996

[2] Y. Nielsen, 篠原稔和監訳, 三次かおる訳 : ユーザビリティエンジニアリング原論, p.26, トッパン, 1999

[3] 山岡俊樹 : GUI の評価, GUI デザイン・4 回目, pp.40-43, DESIGNPROTECT, No.90, Vol.24-2, 2011

[4] 山岡俊樹 : ヒューマンデザインテクノロジー入門, pp.69-70, 森北出版, 2003

[5] 山岡俊樹 : ヒューマンデザインテクノロジー入門, pp.75-76, 森北出版, 2003

[6] J. A. M. (HANS) Kemp, T. V. Gelderen : Co-discovery exploration : an informal method for the interactive design of consumer products, pp.139-146, Usability evaluation in industry, Taylor and Francis, 1996

[7] Toshiki Yamaoka, Satsuki Tukuda : A proposal of simple usability evaluation method and its application, 4pages, Proceedings of the 9th Pan-Pacific Conference on Ergonomics, 2010

[8] 上原信哉, 山岡俊樹 : ユーザビリティ評価手法 SUM の有効性の検証とソフトウエア化, pp.20-21, 日本デザイン学会第 4 支部大会研究発表会概要集, 2011

[9] 山岡俊樹 : ヒューマンデザインテクノロジー入門, pp.23-29, 森北出版, 2003

[10] Lewis, J. R. : IBM computer usability satisfaction questionnaires : psychometric evaluation and instructions for use. International Journal of Human-Computer Interaction 7 (1), pp.57-78, 1995

[11] 山岡俊樹, 弘松知佳 : ユーザ要求事項抽出及び評価のためのユーザビリティタスク分析の提案, pp.372-373, 日本デザイン学会誌 第 55 回研究発表大会概要集, 2008

[12] 佃五月, 山岡俊樹 : 品質要素分類を活用したユーザビリティタスク分析によるユーザ, 3C1-4, 第 11 回日本感性工学大会予稿集, 2009

[13] 佃五月, 山岡俊樹 : ユーザビリティタスク分析によるデジタルテレビのリモコン評価, pp.217-218, 平成 21 年度日本人間工学会関西支部大会講演論文集, 2009

[14] 篠田茉未絵, 山岡俊樹 : DEMATEL を用いたユーザビリティタスク分析手法の検討, pp.227-230, 平成 22 年度 日本人間工学会関西支部大会講演論文集, 2010

7章

事例紹介

　本章では、2つの事例を紹介する。これらの事例を通して、獲得した知識、方法を確認、マスターして欲しい。

7章　事例紹介

7.1 ウェブサイトデザイン事例

汎用システムデザインプロセスを使ったウェブサイトの事例として、「大学地域連携プロジェクトの活発化のウェブサイト」を紹介する。

（1）システムの概要

①目的、目標の決定

目的	ウェブサイトを使った、大学地域連携プロジェクトの活性化 ①受験生に大学の活動を知ってもらう ②在学生が大学の地域連携プロジェクトに参加するきっかけを得る ③プロジェクト関係者がプロジェクト間の活動の進捗を把握する	
目標	メンテナンス	ウェブの更新の手間がかからない
	効率性	プロジェクトの活動状況が一目でわかる
	楽しさ	写真をふんだんに使う プロジェクトの活動場所を地図上で把握できる

②システム計画

目的と目標を受けて、システムの概要によりシステムの境界を定め、システ

ム全体をより具体化させる。「構成要素の特定」「構成要素間の関係を検討」「制約条件」「人間と機械との役割分担」からシステムの概要を定めた。

人間と機械との役割分担

人間	ウェブ閲覧者	ウェブサイトの閲覧
	プロジェクト関係者	ウェブサイトの閲覧 ウェブサイトのコンテンツ編集
	ウェブデザイナ	ウェブサイトのデザインを編集
機械	ウェブサイト	ウェブ閲覧者にコンテンツ提示 ウェブサイトのコンテンツ編集
	表示端末	

制約条件

1. プロジェクト関係者はウェブデザインのスキルがない。
2. ウェブ閲覧者は様々な利用環境でウェブを閲覧する。
3. ウェブの閲覧端末によって表示範囲や操作に制限がある。

システムの全体図

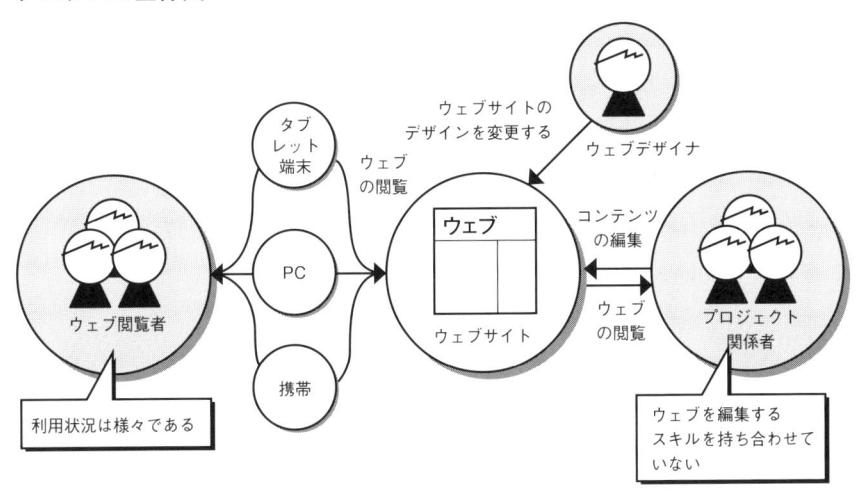

システムの全体図

(2) システムの詳細

①ユーザー要求事項抽出（プロセス状況テーブル）

プロセス状況テーブル（ProST）の記入例を以下に紹介する。

アクティビティ：大学の特徴を調べている。

タスク	ユーザー		
	属性・嗜好性・認知特性	身体的状態	心理的状態
大学の情報を検索する	高校生	PCの前に座っている	どの大学が良いか迷っている
大学と地域との関わりについて知る	同上	同上	より詳しい情報が知りたい
自分が参加すると何ができるか知る	同上	同上	より詳しい情報が知りたい

背景			システム
時間的要素	場所・空間的要素	前提・制約	要求事項
受験勉強に追われている	自室		大学名で検索され、上部に表示されるようにする
同上	同上	興味を持っている	興味を惹くコンテンツ
同上	同上	活動状況がよく分かる。	プロジェクトの活動状況がよく分かる。現在の状況がよく分かる

②システムとユーザーの明確化

ユーザーの明確化

ユーザーの数だけ以下のフォーマットを作成し、ユーザーを明確にする。

記述対象ユーザー	☑メインユーザー（受験生）／□サブユーザー（大学生） □その他（プロジェクト関係者）	
基本情報	年齢	15-18才
	性別	男女
	職業	学生（高校生）
	在住地域	日本
	その他	大学について、詳しく調べている。
詳細情報	経験、習熟度	携帯やPCなどの情報機器の操作には慣れている。
	メンタルモデル	表示や用語の理解： 簡単な英単語は理解できる。
		操作手順やシステムの構造の理解： 大学地域連携プロジェクトの全体像はよく分かっていない。
	性格	直感的に物事を判断しがちである。
	生活スタイル	受験勉強を中心とした忙しい生活を送っている。
	その他	

システムの明確化

システムの概要から仕様を具体化させる。

基本情報	システムの目的	（目的と目標の決定で示した）
	システムの目標	
	システム全体図	（システム計画から全体図を示した）
詳細情報 （全体）	機能性	携帯とPCの両方で快適に閲覧できる。
	信頼性	記事の執筆者を記載する。
	拡張性	ウェブページをプロジェクト関係者が編集可能。
	効率性	プロジェクトの活動状況が一目で分かる。
	安全性	ブログのようなコメント機能は許可しない。
	ユーザビリティ	目的のページにたどり着きやすい。
	楽しさ	写真をふんだんに使う。
		プロジェクトの活動場所を地図上で把握できる。
	費用	ウェブの更新の手間が掛からない。
	メンテナンス	
	その他	
詳細情報 （機械）	機械の属性	☑汎用　　　　☑専用
	入力デバイス	☑キーボード　☑マウス ☑タッチパネル　□その他（　　　）
	出力デバイス	☑ディスプレイ （☑6インチ未満、☑6-12インチ、☑12インチ以上） □その他（　　　）
	使用環境	☑屋内　☑屋外　□その他（　　　）
	使用時間	20分程度
	機能系統図	（次ページに図で示した）
	その他	

機能系統図

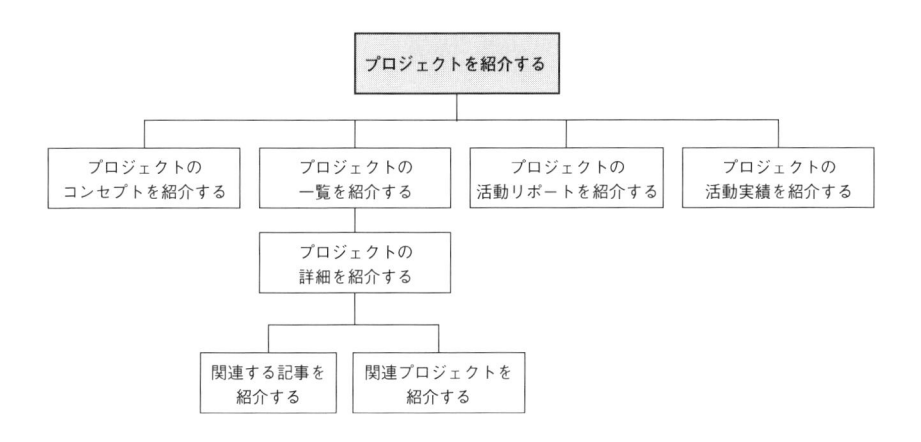

```
                    プロジェクトを紹介する
          ┌──────────┬──────────┬──────────┐
   プロジェクトの   プロジェクトの   プロジェクトの   プロジェクトの
   コンセプトを    一覧を       活動リポートを   活動実績を
   紹介する      紹介する      紹介する      紹介する
                    │
            プロジェクトの
            詳細を紹介する
            ┌─────┴─────┐
        関連する記事を  関連プロジェクトを
        紹介する     紹介する
```

③構造化デザインコンセプト

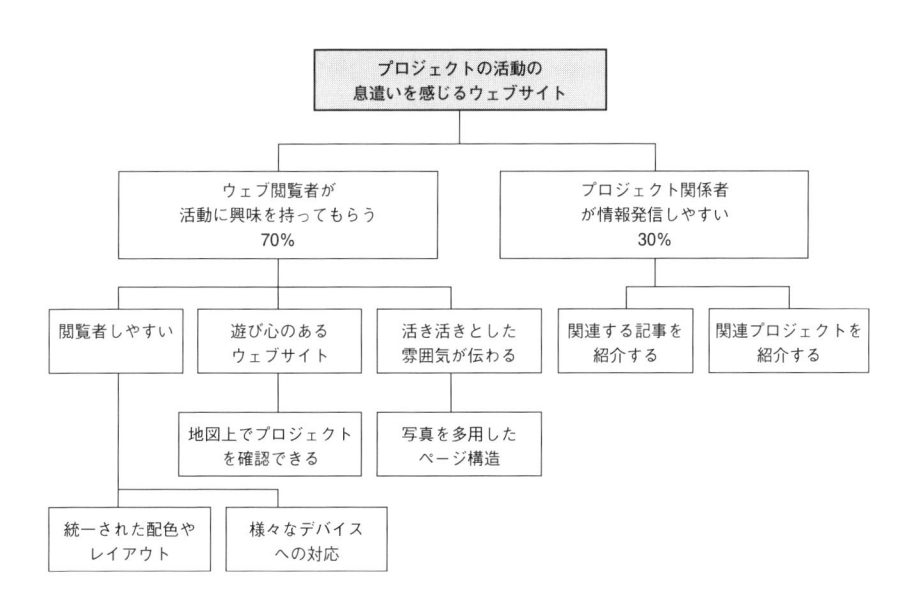

```
              プロジェクトの活動の
              息遣いを感じるウェブサイト
         ┌────────────┴────────────┐
   ウェブ閲覧者が              プロジェクト関係者
   活動に興味を持ってもらう        が情報発信しやすい
   70%                    30%
   ┌────┬────┬────┐         ┌────┬────┐
 閲覧者   遊び心のある  活き活きとした   関連する記事を  関連プロジェクトを
 しやすい  ウェブサイト  雰囲気が伝わる   紹介する     紹介する
         │       │
     地図上でプロジェクト  写真を多用した
     を確認できる     ページ構造
   ┌────┬────┐
 統一された配色や  様々なデバイス
 レイアウト    への対応
```

7章　事例紹介

(3) 可視化

画面遷移図

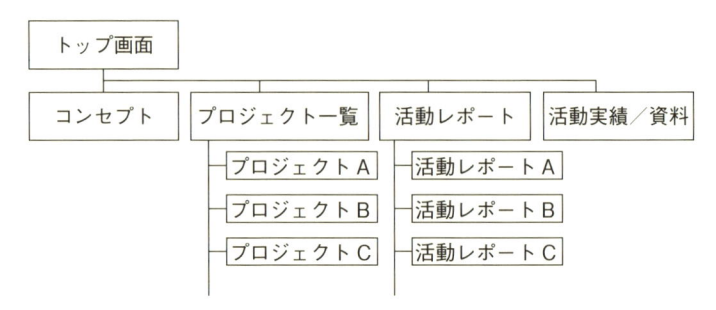

```
トップ画面
├─ コンセプト
├─ プロジェクト一覧
│   ├─ プロジェクトA
│   ├─ プロジェクトB
│   └─ プロジェクトC
├─ 活動レポート
│   ├─ 活動レポートA
│   ├─ 活動レポートB
│   └─ 活動レポートC
└─ 活動実績／資料
```

可視化案

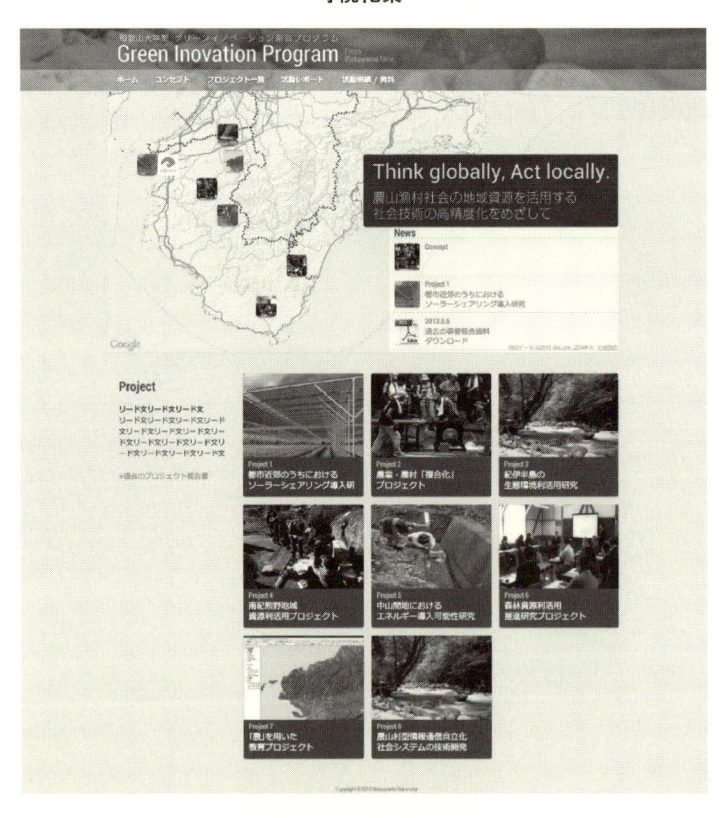

166

7.2　組み込み系情報デザイン事例

汎用システムデザインプロセスを使った事例として「組み込み系情報デザイン事例（映画館チケット販売機）」を紹介する。

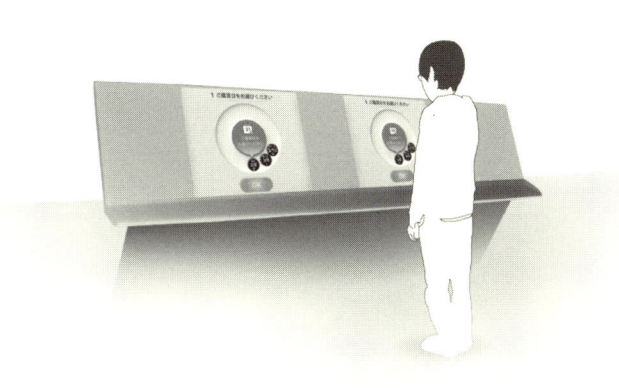

(1) システムの概要
①目的、目標の決定

目的	顧客に券売機でチケットを販売する ①人件費を抑えて顧客に安価で映画を鑑賞してもらう。 ②映画館のファンを増やす。	
目標	効率性	設置台数が限られているため、 スピーディに操作できるようにする。
	ユーザビリティ	子どもやお年寄りでも操作可能にする。
	信頼性	定期的にメンテナンスをし、故障を防ぐ。 故障の際も迅速に対応できる仕組みにしておく。

②システム計画

　目的と目標を受けて、システムの概要によりシステムの境界を定め、システム全体をより具体化させる。「構成要素の特定」「構成要素間の関係を検討」「制約条件」「人間と機械との役割分担」からシステムの概要を定めた。

7章 事例紹介

人間と機械との役割分担

人間	顧客	鑑賞したい映画のチケットをいつでも購入できる
	サポート店員	顧客が券売機の操作がわからない場合、補助をする
	映画館の店員	上映時間などに変更があれば、券売機に反映する。
	サポートエンジニア	券売機のメンテナンスを行う。
機械	チケット券売機	24時間チケットを販売する

制約条件

1. チケット券売機で購入するのが初めての顧客がいる
2. 購入しようとする顧客を映画館関係者がサポートできない時間帯がある。
3. 故障した場合、すぐに修理できない可能性がある

システムの全体図

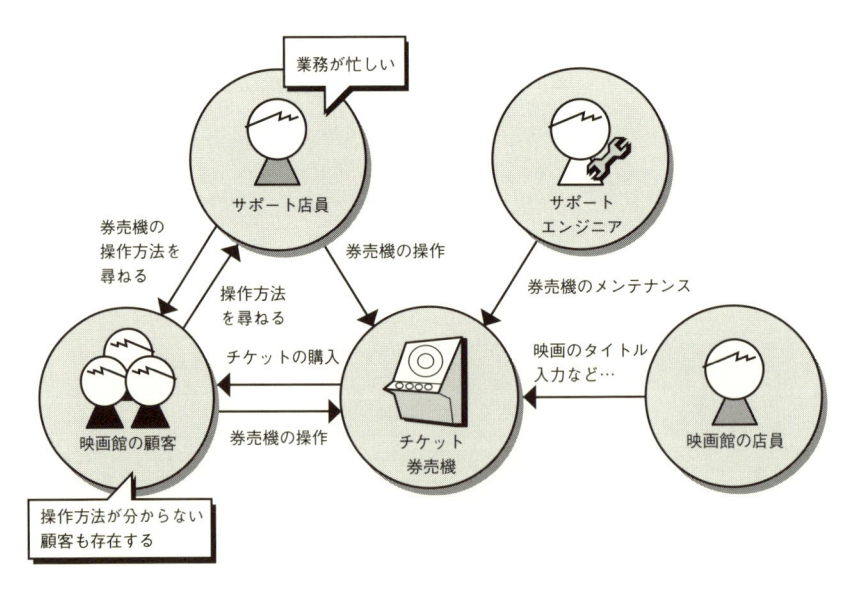

システムの全体図

(2) システムの詳細
①ユーザー要求事項抽出（3ポイントタスク分析）
現状の映画館チケット券売機について、
3ポイントタスク分析を用いてユーザーの要求事項抽出した。

■シーン：映画を見るため、チケットを購入する

タスク	問題点の抽出			解決案
	情報入手	理解・判断	操作	
日付の選択			当日であることが多い	初期値を当日にしておく
作品タイトル選択	タイトルが多すぎると選ぶのが困難	タイトルを覚えていない場合がある		・絞り込み検索を可能にする ・作品タイトルの画像を参考にすることができる
上映時間の選択		鑑賞可能な上映時間でないおそれがある		作品タイトルを選び直せるようにする
チケット枚数の選択		値段がどれくらいになるか知りたい		チケット枚数と値段の対応を表示する
座席の選択			座席を特にこだわらない場合、面倒	自動で決めることも可能にする
お金を投入			現金を持っていないおそれ	電子マネーへの対応
チケットを受け取る			受け取りを忘れる	音でチケットの受取を知らせる

②システムとユーザーの明確化

ユーザーの明確化

ユーザーの数だけ以下のフォーマットを作成し、ユーザーを明確にする。

記述対象 ユーザー	☑メインユーザー（受験生）／ ☐サブユーザー（大学生） ☐その他（プロジェクト関係者）	
基本情報	年齢	15-18才
	性別	男女
	在住地域	映画館からおよそ10km圏内
	その他	映画をとても楽しみにしている。
詳細情報	経験、習熟度	駅の券売機ぐらいは操作できる。
	メンタルモデル	表示や用語の理解： ・簡単な英語は理解できる。 操作手順やシステムの構造の理解： ・対人による映画チケットの購入のメンタルモデルを持つ人もいる。 ・見たい映画がどのジャンルか分かる
	生活スタイル	・話題の映画を見ておきたい。 ・休日などは、友達や恋人、家族などと同じ時間を共有したい。
	その他	

システムの明確化

システムの概要から仕様を具体化させる。

基本情報	システムの目的	（目的と目標の決定で示した）
	システムの目標	
	システム全体図	（システム計画から全体図を示した）
詳細情報 （全体）	機能性	複雑にならないよう、基本的な機能を中心に設計する
	信頼性	定期的にメンテナンスをし、故障を防ぐ。 故障の際も迅速に対応できる仕組みにしておく。
	拡張性	上映時間の変更や中止などの更新も可能とする。
	効率性	設置台数が限られているため、スピーディに操作できるようにする。
	ユーザビリティ	子どもやお年寄りでも操作可能にする。
	楽しさ	アニメーションで楽しい気分を感じさせる。
	メンテナンス	故障した場合は、窓口で対応できうるようにする。
	その他	
詳細情報 （機械）	機械の属性	☐汎用　　　☑専用
	入力デバイス	☐キーボード　　☐マウス ☑タッチパネル　☐その他（　　　　）
	出力デバイス	☑ディスプレイ （☐6インチ未満、☐6-12インチ、☑12インチ以上） ☐その他（　　　　）
	使用環境	☐屋内　☑屋外　☐その他（　　　　）
	使用時間	10分程度
	機能系統図	（次ページに図で示した）
	その他	

7章　事例紹介

機能系統図

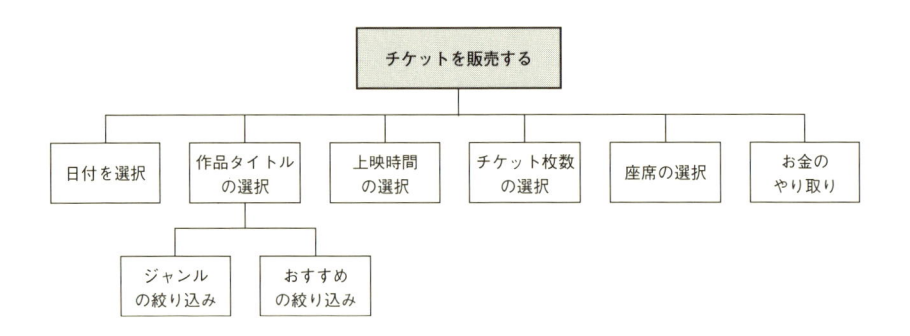

```
                    ┌──────────────┐
                    │ チケットを販売する │
                    └──────┬───────┘
      ┌──────┬───────┼───────┬───────┬───────┐
   ┌──┴──┐┌──┴──┐┌──┴──┐┌──┴──┐┌──┴──┐┌──┴──┐
   │日付を ││作品タイトル││上映時間││チケット枚数││座席の選択││お金の  │
   │選択  ││の選択   ││の選択 ││の選択   ││     ││やり取り │
   └─────┘└──┬──┘└─────┘└─────┘└─────┘└─────┘
         ┌────┴────┐
      ┌──┴──┐ ┌──┴──┐
      │ジャンル│ │おすすめ│
      │の絞り込み│ │の絞り込み│
      └─────┘ └─────┘
```

③構造化デザインコンセプト

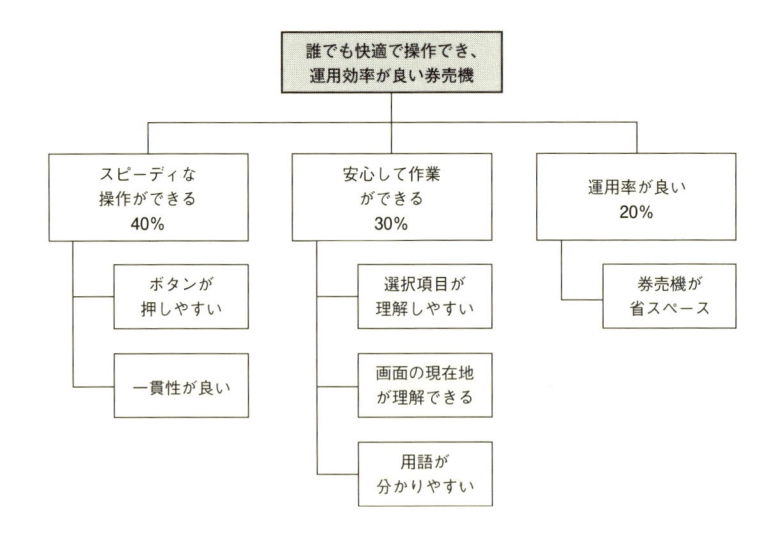

```
                ┌──────────────────┐
                │ 誰でも快適で操作でき、  │
                │ 運用効率が良い券売機    │
                └─────────┬────────┘
      ┌───────────────────┼───────────────────┐
┌─────┴─────┐    ┌─────┴─────┐    ┌─────┴─────┐
│スピーディな   │    │安心して作業   │    │運用率が良い  │
│操作ができる  │    │ができる     │    │20%       │
│40%        │    │30%        │    │          │
└─────┬─────┘    └─────┬─────┘    └─────┬─────┘
      │              │                │
   ┌──┴──────┐   ┌──┴──────┐      ┌──┴──────┐
   │ボタンが    │   │選択項目が   │      │券売機が   │
   │押しやすい   │   │理解しやすい  │      │省スペース  │
   └─────────┘   └─────────┘      └─────────┘
      │              │
   ┌──┴──────┐   ┌──┴──────┐
   │一貫性が良い  │   │画面の現在地 │
   └─────────┘   │が理解できる  │
                  └─────────┘
                     │
                  ┌──┴──────┐
                  │用語が     │
                  │分かりやすい  │
                  └─────────┘
```

172

7.2 組み込み系情報デザイン事例

(3) 可視化

画面遷移図

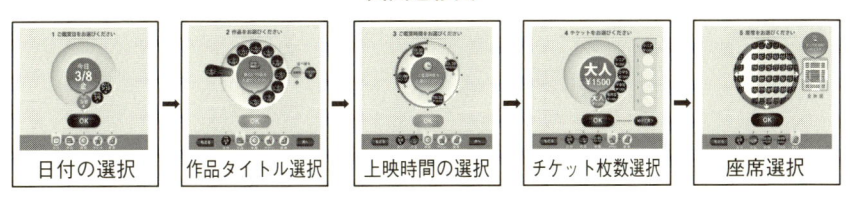

日付の選択 → 作品タイトル選択 → 上映時間の選択 → チケット枚数選択 → 座席選択

可視化案

付　録

付録の解説

(1) GUI デザインパターンについて
　付録として掲載している GUI デザインパターンは、タッチパネルの機器で使われている操作方法や表現方法の事例集である。この事例集は、タッチパネル機器の GUI 設計の際の参考として活用して頂きたい。

(2) GUI デザインパターンの構成
　掲載している GUI デザインパターンは、下記の 7 種類に分類している。
① 操作構造：操作画面の構造に関する項目。
② UI ガイドライン：操作方法のガイドラインに関する項目。
③ デザインガイドライン：デザインのガイドラインに関する項目。
④ 画面構成：画面のレイアウトに関する項目。
⑤ 情報提示：情報の提示方法に関する項目。
⑥ 操作機能：操作方法に関する項目。
⑦ 可視化要素：可視化する際の要素。

(3) 各 GUI デザインパターンの記載事項
　各 GUI デザインパターンは、下記の 7 項目を記載している。
① パターン名：それぞれの GUI デザインパターンの名称
② 対応画面サイズ：活用可能な画面サイズ。本データでは、画面サイズを大（10 インチ以上）、中（7 インチ以上 10 インチ未満）、小（7 インチ以下）の 3 種類に分類し、各 GUI デザインパターンで活用可能なサイズを記載している。
③ アプリ種類：活用可能なアプリケーションの種類を記載している。本データでは、"単機能""高機能""ウェブサイト"の 3 種類に分類し、各 GUI デザインパターンに活用可能なアプリケーションを記載している。
④ ユーザーレベル：対象となるユーザーについて記載している。本データでは、ユーザーレベルを普段はあまり機器を操作しない"ライトユーザー"と専門で使用したりしている"ヘビーユーザー"の 2 種類に分類している。
⑤ 概要：GUI デザインパターンの特徴や利点などについて記載している。
⑥ パターンの事例：実際に GUI デザインパターンが活用されている製品やソフトウェアの事例を掲載している。

付　録

パターンの関係

①操作構造

②UI ガイドライン
③デザインガイド

④画面構成

⑤情報提示
⑥操作機能
⑦可視化要素

（2）GUI デザインパターンの構成

パターン名

対応画面サイズ
活用可能な画面サイズを記載しています。
下記の 3 種類に分類しています。
・画面サイズ大（10 インチ以上）
・画面サイズ中（7 インチ以上 10 インチ未満）
・画面サイズ小（7 インチ未満）

アプリ種類
活用可能なアプリケーションを記載しています。
下記の 3 種類に分類しています。
・単機能
・高機能
・ウェブサイト

ユーザーレベル
対象とするユーザーを記載しています。
下記の 2 種類に分類しています。
・ライトユーザー
・ヘビーユーザー

概要
パターンの概要にいて記載しています。

パターンの事例

（3）各 GUI デザインパターンの記載事項

177

①操作構造

ツリー構造

対応画面サイズ
画面サイズ大、画面サイズ中、画面サイズ小

アプリ種類
高機能、ウェブサイト

ユーザーレベル
ライト＆ヘビー

概要
画面構成を木構造にするパターン。ユーザーに迷わせないようにしたりする。

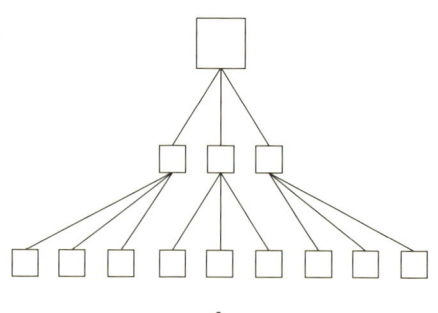

並列並べのページ遷移

対応画面サイズ
画面サイズ大、画面サイズ中、画面サイズ小

アプリ種類
単機能

ユーザーレベル
ライト＆ヘビー

概要
<u>1画面に収めるレイアウト</u>を複数横に並べた画面遷移。
画面数や中身が変化することが多い場合は<u>タブ表示</u>よりこちらを用いるのがよい。

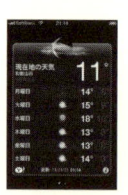

天気アプリは1つの場所を1ページで示し、左右フリックで切り換える。

iPhoneのホーム画面

出典：apple
http://www.apple.com/jp/

① 操作構造

ハブ構造（ベース画面）

対応画面サイズ
画面サイズ大、画面サイズ中、画面サイズ小

アプリ種類
高機能、単機能、ウェブサイト

ユーザーレベル
ライト＆ヘビー

概要
1つのベース画面を起点とし、タスクやオブジェクトごとに各画面に移る画面遷移。各ページが別々のアプリケーションのように分離しているGUIのときに用いられる。ベース画面が必要ない場合は並列並べの画面遷移を用いるとよい。

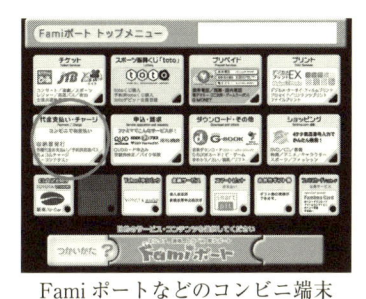

Famiポートなどのコンビニ端末

出典：famlポート（ファミリーマート）
https://www.family.co.jp/famiport/

モーダルな画面遷移

対応画面サイズ
画面サイズ大、画面サイズ中、画面サイズ小

アプリ種類
高機能、単機能

ユーザーレベル
ライト＆ヘビー

概要
1画面であらかじめ決められたステップだけの操作を行う逐次的な画面遷移。

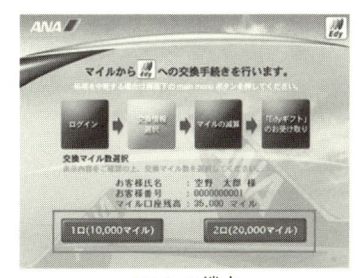

ANAの端末

出典：ANA
http://www.ana.co.jp/amc/reference/tukau/edygift_card-convini.html

②UI ガイドライン

重要な情報は上に

対応画面サイズ
画面サイズ大、画面サイズ中、画面サイズ小

アプリ種類
高機能、単機能

ユーザーレベル
ライト & ヘビー

概要
画面下部は親指でタップしやすいエリアであり、指で隠れることが多くなるため、重要な情報は画面上部に表示するのがよい。画面が小さいほど<u>親指を意識する</u>ことが重要。

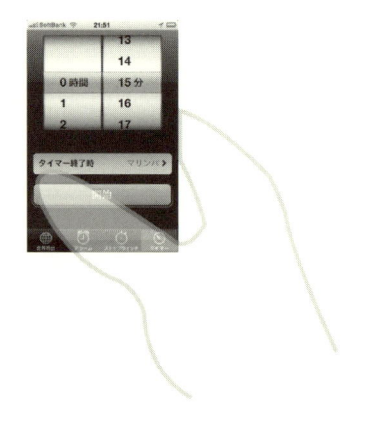

スクロール方向は 1 方向

対応画面サイズ
画面サイズ小

アプリ種類
高機能、単機能、ウェブサイト

ユーザーレベル
ライト

概要
もしスクロール方向が2つある場合、スクロールのためのフリックが微妙に横にずれた場合次のページに遷移してしまい、ユーザーにストレスを与えることになるので、スクロール方向は 1 方向にするのがよい。

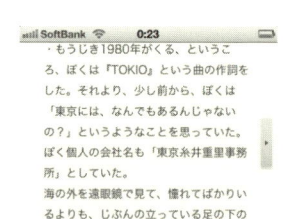

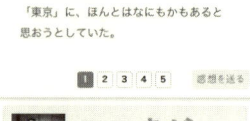

ほぼ日刊イトイ新聞のサイト
出典：http://www.1101.com/

② UI ガイドライン

画像下部の領域に余白を持たせる

対応画面サイズ
画面サイズ小

アプリ種類
高機能、単機能

ユーザーレベル
ライト

概要
画面下のタブバー上部の位置はタップしやすい領域であり、逆にいうと何かを配置していると誤タップの可能性がある領域である。ユーザーが望まぬ体験を得ないように、特に配慮する UI パーツがない場合はこの領域は空けておくことが望まれる。

タブバーの上に配置された広告

視線の流れを明快にする

対応画面サイズ
画面サイズ大、画面サイズ中、画面サイズ小

アプリ種類
高機能、単機能、ウェブサイト

ユーザーレベル
ライト & ヘビー

概要
画像による情報表現やラベルの強調、近接効果などを用いて操作手順などを理解しやすくする。流れが明快でないレイアウトにするとユーザーは困惑することがある。

Morris Lessmore はユーザーがすべきことを画面上にアニメーションで表示してユーザーが迷わないように誘導している。

出典：Morris Lessmore
https://itunes.apple.com/jp/app/id438052647?mt=8&ign-mpt=uo%3D4

③デザインガイドライン

親指を意識する

対応画面サイズ
画面サイズ小

アプリ種類
高機能、単機能

ユーザーレベル
ライト & ヘビー

概要
画面サイズが小さいタッチパネル端末は片手で親指でタップされることが多い。右のピンクで表示したエリアが最も自然に押しやすい部分であるため、最もタップされるUIパーツは左下に配置するとよい。逆に左上、右上、右下はタップしづらいので削除などエラー可能性がある機能を配置するとよい。

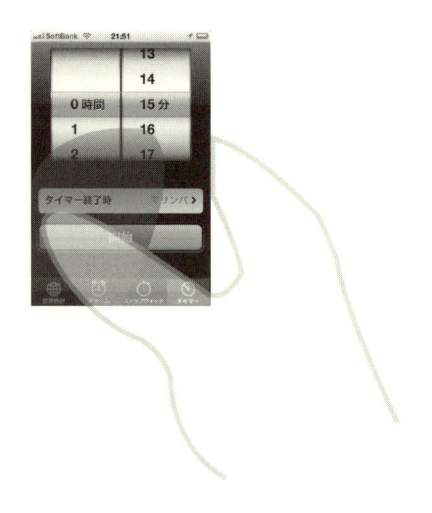

アイコン化

対応画面サイズ
画面サイズ大、画面サイズ中、画面サイズ小

アプリ種類
高機能、単機能、ウェブサイト

ユーザーレベル
ライトからヘビーまで

概要
GUIを視覚的に分かりやすくするための図。アイコンに一貫性を持たせることにより、ユーザーの学習を促進する効果もある。ボタンとして働くこともある。ボタンとして用いる場合は、その項目や機能を表している必要がある。用いるアイコンが一般的でなく理解が難しい場合は、アイコンだけでなくアイコンの名称も加えるのが望ましい。

③デザインガイドライン

バーの色の統一

対応画面サイズ
画面サイズ大、画面サイズ中、画面サイズ小

アプリ種類
高機能

ユーザーレベル
ライト＆ヘビー

概要
メニューバーやタブバーを配置する場合、各バーの色を統一して操作系をまとめる。一貫性を高めるための1つのパターン。

CNNのサイト

出典：CNNのサイト
http://www.cnn.co.jp/m/

角丸の利用

対応画面サイズ
画面サイズ大、画面サイズ中、画面サイズ小

アプリ種類
高機能、単機能、ウェブサイト

ユーザーレベル
ライトからヘビーまで

概要
画面を構成する要素など（ボタン，矩形領域）に対し角丸を利用するデザイン面で軟らかい印象を持たせ、一貫性をもたらすことができる。矩形領域が主な画面で、一部のボタンなどにこのパターンを用いると強調することもできる。

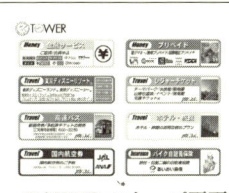

eTOWERのトップ画面

出典：eTOWERのサイト
http://www.webmoney.jp/news/
2007/20070207_1.html

iPadのアイコン
出典：http://www.apple.com/jp/ipad/

183

③デザインガイドライン

行のストライプ背景

対応画面サイズ
画面サイズ大、画面サイズ中、画面サイズ小

アプリ種類
高機能、単機能、ウェブサイト

ユーザーレベル
ライト＆ヘビー

概要
大量の複数行にわたり、行間を狭めないといけない状況で、1行が何を指しているのか分かりやすくするために薄い背景色を用いて行を表現する。行が長かったり、複数の列を持った表に対して用いると効果的である。逆に行が短かったり、行間を取れている場合に用いると頻雑な印象を与える可能性がある。

iTunesの背景色

出典：http://www.apple.com/jp/itunes/

整列

対応画面サイズ
画面サイズ大、画面サイズ中、画面サイズ小

アプリ種類
高機能、単機能、ウェブサイト

ユーザーレベル
ライト＆ヘビー

概要
ボタンや主要カラムを整列させる。見栄えが良くなり知覚的にも分かりやすくなる。整列を一部崩すことにより強調することも可能となる。<u>一貫性ある色・レイアウト</u>を実現するためのパターン。

Flipboard

出典：https://itunes.apple.com/jp/app/flipboard-anatanososharunyusumagajin/id358801284?mt=

③デザインガイドライン

選択項目の強調

対応画面サイズ
画面サイズ大、画面サイズ中、画面サイズ小

アプリ種類
高機能、単機能、ウェブサイト

ユーザーレベル
ライト & ヘビー

概要
タップ時に自分の選択したものが何かをユーザーが理解できるために、選択したものを強調してフィードバックする。選択したものを把握した状態で画面遷移が始まることにより、ユーザーは無意識にアプリ内の構造を把握することができる。

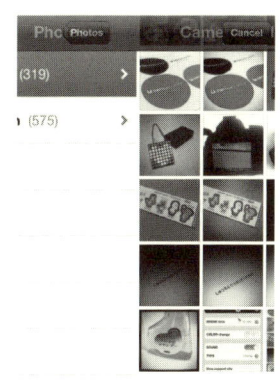

iOS では選択した項目が一瞬青く強調されてから次の画面へと遷移する。

出典：http://www.apple.com/jp/

変化の補完表現

対応画面サイズ
画面サイズ大、画面サイズ中、画面サイズ小

アプリ種類
高機能、単機能、ウェブサイト

ユーザーレベル
ライトからヘビーまで

概要
画面の変化をアニメーションを用いて、ユーザーにオブジェクトの状況が変化しているのを分かりやすくする。
変化するオブジェクトと関連付けた動きにし、控えめに変化させユーザーに不快感を与えないようにすることを意識するとよい。

次の写真への移行をスライドで連続的であるよう表現している。

出典：http://www.apple.com/jp/

185

③デザインガイドライン

画像による情報表現

対応デバイス
画面サイズ大、画面サイズ中、画面サイズ小

アプリ種類
高機能、単機能、ウェブサイト

ユーザーレベル
ライトからヘビーまで

概要
目を引いたり、強調したい情報を画像で表すことによりユーザーの印象に残るようにする。
画像をうまく配置することにより、ユーザーの視線の誘導にも用いることができる。

オタマトーン
写真などをうまく用いて使い方を分かりやすく説明。

出典：http://www.maywadenki.com/app/

余白の活用

対応画面サイズ
画面サイズ大、画面サイズ中、画面サイズ小

アプリ種類
高機能、単機能、ウェブサイト

ユーザーレベル
ライト＆ヘビー

概要
余白を生かすことで、情報の分類や強調を扱うことができる。近接効果や画面上のバランスに気を配ることが重要である。例えば、余白を空けるために文字を小さくすることで見づらくなる場合もあるが、文字を大きくして余白がなくなると要素の分割が分かりづらく理解しづらくなることもある。

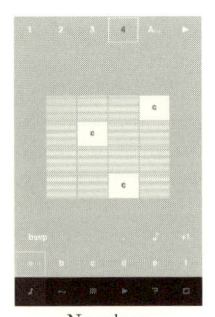

Nanoloop
メインコンテンツエリアの周囲に余白を取り、メニューとの区別を行うとともにすっきりとした印象を与えている。

出典：Nanoloop
http://www.nanoloop.de/iphone/index.html

③デザインガイドライン

シンプルな罫線

対応画面サイズ
画面サイズ大、画面サイズ中、画面サイズ小

アプリ種類
高機能、単機能、ウェブサイト

ユーザーレベル
ライトからヘビーまで

概要
レイアウトで区切りが必要なとき枠線をシンプルにし、ユーザーに画面が複雑であると見せないようにする。枠線を用いる他に余白を空けることで区切りを表現したり、ラベルの強調を用いることもできる。
世界観を表現したいときはこのパターンにとらわれず、枠線に装飾を加えることも必要となる。

大辞林
シンプルな罫線で単語を区切り、美しく検索結果などを表示している。

出典：大辞林
http://www.monokakido.jp/iphone/daijirin.html

矩形領域

対応画面サイズ
画面サイズ大、画面サイズ中、画面サイズ小

アプリ種類
高機能、単機能、ウェブサイト

ユーザーレベル
ライトからヘビーまで

概要
画面を構成する要素を矩形領域に分割するレイアウト。縦横を整列させることで統一感が得られる。矩形のサイズを統一すると情報のウェイトが均一化され、大きくすると情報が強調される。

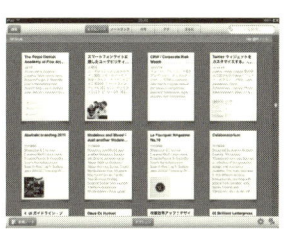

各ノートを矩形で表し、ラベルと本文の一部をまとめて閲覧できるようにしている。

出典：Evernote
http://evernote.com/intl/jp/evernote/

③デザインガイドライン

ヘッダの共通化

対応画面サイズ
画面サイズ大、画面サイズ中、画面サイズ小

アプリ種類
高機能、ウェブサイト

ユーザーレベル
ライトからヘビーまで

概要
操作性を高め、ユーザーが学習しやすくするためにヘッダを共通化する。メニューを置くのが一般的。一貫性ある色・レイアウトを実現するための1つのパターン。iPhoneでは現在位置を表示することが多い。

メールアプリ
ヘッダを共通化し、現在位置を表示している。

出典：iPhone
http://www.apple.com/jp/

Radiko
ヘッダをコントロールとして共通化し、どの局でも同じ操作で番組を聴けるようにしている。

出典 Radiko
：https://itunes.apple.com/jp/app/radiko.jp/id370515585?mt=8

近接効果

対応画面サイズ
画面サイズ大、画面サイズ中、画面サイズ小

アプリ種類
高機能、単機能、ウェブサイト

ユーザーレベル
ライト & ヘビー

概要
近くに配置された要素は関係が深いと感じるので、関連のある情報は近くにまとめるようにする。

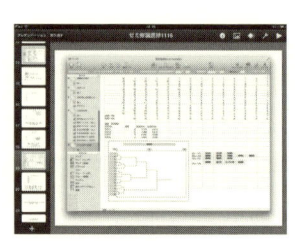

Keynote
右上にスライドへのコントロールを全て近接して並べている。

出典：Keynote
https://ssl.apple.com/jp/iwork/keynote/

④画面構成

グループ化されたリスト

対応画面サイズ
画面サイズ大、画面サイズ中、画面サイズ小

アプリ種類
高機能

ユーザーレベル
ライト＆ヘビー

概要
項目が多くに渡る場合、うまく分類してラベリングを行いリストにする。近接効果と似た効果を発揮し、ユーザーにとってそれぞれの項目の関係性が分かりやすくなる。

出典：iPhone
http://www.apple.com/jp/

1 画面に収めるレイアウト

対応画面サイズ
画面サイズ大、画面サイズ中、画面サイズ小

アプリ種類
単機能

ユーザーレベル
ライトからヘビーまで

概要
レイアウトを1画面に収め、ユーザーがスクロールせずとも情報が全て入手できるレイアウトにする。情報が多くなってきた場合はリストを用いるなどし、ユーザーに無理のない設計を行うことが大切である。

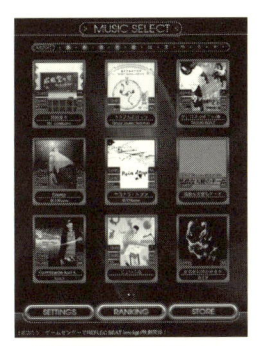

REFLEC BEAT plus
曲数を抑えて表示しているが、カナによるフィルタリングを設置し、フリックの手間なく曲を選べるようになっている。

出典：http://www.konami.jp/products/touch_reflecbeatplus/

189

④画面構成

2 分割表示

対応画面サイズ
画面サイズ大、画面サイズ中

アプリ種類
高機能、ウェブサイト

ユーザーレベル
ライトからヘビーまで

概要
画面内を2分割するレイアウト。<u>中央主要画面</u>とナビゲーションというように、作業領域にウェイトを与えた分割が主に行われる。同時に表示する必要ない場合は<u>フロートによる追加表示</u>を用いることもある。

リマインダー
左にリストを配置し、右に内容を表示するPCの階層表示に近い2分割表示。

株価アプリ
小さい画面サイズながら、情報をうまくまとめ上部に企業一覧、下部に選択企業の詳細を表示している。

出典：http://www.apple.com/jp/

3 分割表示

対応画面サイズ
画面サイズ大、画面サイズ中

アプリ種類
高機能、ウェブサイト

ユーザーレベル
ヘビー

概要
画面内を3分割するレイアウト。<u>中央主要画面</u>とナビゲーション、<u>ヘッダの共通化</u>というように、作業領域にウェイトを与えた分割が主に行われる。同時に表示する必要がない場合は<u>フロートによる追加表示</u>を用いることもある。高機能アプリで用いられる。

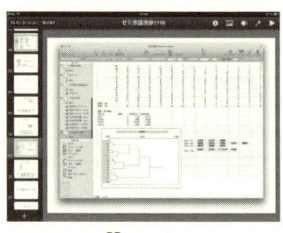

Keynote
上部、左、中央の3分割表示を行っている。

出典：https://ssl.apple.com/jp/iwork/keynote/

190

⑤情報提示

中央主要画面

対応画面サイズ
画面サイズ大、画面サイズ中、画面サイズ小

アプリ種類
高機能、単機能、ウェブサイト

ユーザーレベル
ライトからヘビーまで

概要
主要な作業領域は中央にレイアウトする。一貫性ある色・レイアウトを実現する1つのパターン。
ヘッダの共有化やフッターでの情報提示と組み合わせてレイアウトされるのが一般的。追加の情報は画面を切り換えるか、フロートによる追加表示を用いるとよい。

Reeder
縦画面は中央に記事を配置し余分な情報を省き、集中して記事を読めるように配慮。

出典：
https://itunes.apple.com/jp/app/reeder/id325502379?mt=8

ポップアップの前面表示

対応画面サイズ
画面サイズ大、画面サイズ中、画面サイズ小

アプリ種類
高機能、単機能、ウェブサイト

ユーザーレベル
ライトからヘビーまで

概要
重要な情報を画面全面に表示し、ユーザーに操作を強要するもの。モーダルに移行するための1つのパターン。
ユーザーの操作イメージに割って入ることになるので最低限の使用にとどめる必要がある。

faml ポート
出典：faml ポート（ファミリーマート）
https://www.family.co.jp/famiport/

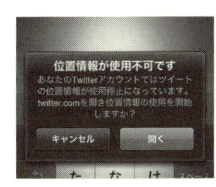

Tweetbot
実行できない場合にポップアップを用いて表示し、その後の選択をさせる。

出典：https://itunes.apple.com/jp/app/tweetbot-ge-xing-paitwitterkuraianto/id428851691?mt=8

191

⑤情報提示

タスクの終了の表示

対応画面サイズ
画面サイズ大、画面サイズ中、画面サイズ小

アプリ種類
単機能、ウェブサイト

ユーザーレベル
ライト＆ヘビー

概要
商品の購入など、一連のステップを必要とするタスクにおいてタスクが完了したことを示す画面を提示する。複数手順を踏んでいるので終了を示さないとユーザーにとって分かりづらくなる。モーダルな画面遷移の終了を示すパターン。

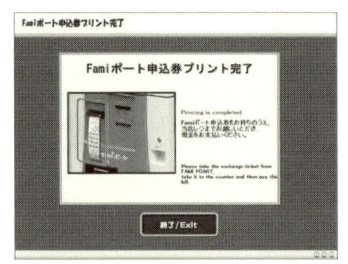

Famiポート
手続きが終了すると、申込券発行位置を強調する画面とともにタスクの終了を示している。

出典：famlポート（ファミリーマート）
https://www.family.co.jp/famiport/

選択項目の確認表示

対応画面サイズ
画面サイズ大、画面サイズ中、画面サイズ小

アプリ種類
高機能、単機能

ユーザーレベル
ライト＆ヘビー

概要
商品の購入など複数ステップから構成されるタスクで、最終決定を行う前に確認画面を表示するパターン。このパターンの後タスク終了の表示を行うとタスクの終了がユーザーに分かりやすくなり安心感を与えることができる。

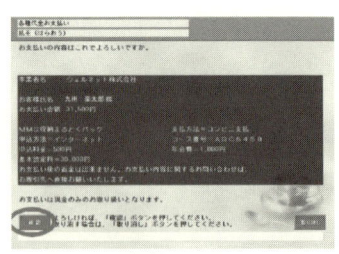

銀行ATM
支払いの最後に、その時の注文内容を一括で確認できる画面を表示している。さらに、この画面ではエラー防止のための右下アクションボタンをあえて左に移していると考えられる。

⑤情報提示

ボタンの大・中・小

対応画面サイズ
画面サイズ大、画面サイズ中、画面サイズ小

アプリ種類
高機能

ユーザーレベル
ライト＆ヘビー

概要
重要なアクションのボタンは大きくし、サブ的なアクションのボタンは小さくするパターン。親指を意識した配置と合わせて用いることでより効果的である。ユーザーにとって重要なアクションが何なのかをしっかりと考慮する必要がある。

iTunes
再生、前曲、次曲、音量を重視し、それらのコントロールが大きくなっている。

出典：http://www.apple.com/jp/

一貫性ある色・レイアウト

対応画面サイズ
画面サイズ大、画面サイズ中、画面サイズ小

アプリ種類
高機能、単機能、ウェブサイト

ユーザーレベル
ライトからヘビーまで

概要
ユーザーが操作方法などで迷わなかったり、学習の向上のために同じ色を使ったり、統一したレイアウトでボタンを配置する。これによりグラフィック自体も引き締まり審美性も向上する。

メモ帳（iPhone アプリ）
メモ選択画面とメモ作成画面で、ヘッダとコンテンツエリアの色が統一されている。

出典：http://www.apple.com/jp/

193

⑤情報提示

上下関係の情報表示

対応画面サイズ
画面サイズ大、画面サイズ中、画面サイズ小

アプリ種類
高機能、ウェブサイト

ユーザーレベル
ライトからヘビーまで

概要
ファイルの表示などで上位階層、現在階層、下の階層を表示するパターン。画面サイズの制約で同時に表示できないとき、上位階層を戻るボタンのラベルに表記し、現在階層をヘッダ上部に、リストに現在階層の中身を表示する。パンくずリストのようにも使える。

現在階層を表示
上位階層を表示
現在の階層の中身を表示

出典：http://www.apple.com/jp/

デフォルトの表示

対応画面サイズ
画面サイズ大、画面サイズ中、画面サイズ小

アプリ種類
高機能、単機能

ユーザーレベル
ライト & ヘビー

概要
フォームの項目が多いときなど、ユーザーの入力作業を助ける適切な初期値を設定しておく。設定することなくすぐに使い始めることができ、変更できる箇所も分かりやすくなる。

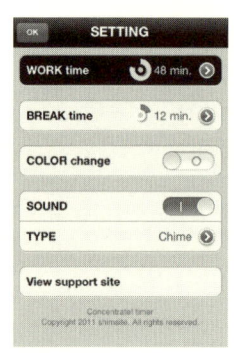

Concentrate Timer
最初からタイマー時間が設定されている。仕事時間と休憩時間というアプリの特徴をデフォルトで分かりやすくしている。

出典：https://itunes.apple.com/jp/app/concentrate!-timer/id416973825?mt=8

⑤情報提示

1/○表示

対応画面サイズ
画面サイズ大、画面サイズ中、画面サイズ小

アプリ種類
高機能、単機能

ユーザーレベル
ライト＆ヘビー

概要
多くの情報が表示されるとき、複数ページに渡って表示するパターン。

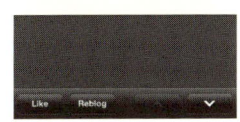

tumblr gear
現在の項目を1/○表示し、そのままヘッダのタイトルにしている。
出典：
http://tumblrgear.tumblr.com/

起動画面のフェイク

対応画面サイズ
画面サイズ小、画面サイズ中

アプリ種類
高機能

ユーザーレベル
ライト＆ヘビー

概要
アプリの起動画面において毎回起動画面が出るのはユーザーにとってストレスなので、起動画面を前回終了時のキャプチャにすることで読み込みなしに始まっているように感じさせるテクニック。

Bump
アプリを起動して最初の画面の上にロゴを表示して、既に読み込んでいるような印象を与えている。

出典：https://itunes.apple.com/jp/app/bump/id305479724?mt=8

195

⑤情報提示

待ち時間表示

対応画面サイズ
画面サイズ大、画面サイズ中、画面サイズ小

アプリ種類
高機能、単機能、ウェブサイト

ユーザーレベル
ライトからヘビーまで

概要
処理が長くなる場合、処理状況を表示する。処理時間を短くすることがベストだが、難しい場合このパターンを用いることでユーザの待ち時間が体感的に緩和される。

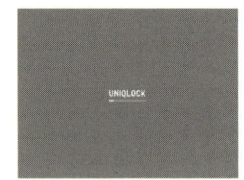

UNIQLOCK
起動画面に待ち時間を表示している。
出典：http://www.uniqlo.jp/uniqlock/

Dropbox
データのダウンロードの待ち時間を表示。
出典：https://www.dropbox.com/

フッターでの情報表示

対応画面サイズ
画面サイズ大、画面サイズ中

アプリ種類
高機能、ウェブサイト

ユーザーレベル
ライトからヘビーまで

概要
メインではないが常に表示しておきたい情報をフッターに表示するパターン。ナビゲーションを準備して常時表示する役割を果たすこともできる。画面サイズが小さい端末では、メイン以外の情報を表示するとユーザーに混乱を与えるため、別画面に表示するなどした方がよいので、理由がない場合このパターンを用いない方がよい。

Fontbook for iPad
フッターをパンくずリストにしてナビゲーションの役割を果たしている。
出典：http://www.fontbook.com/

Flipboard
フッターにページングを配置。
出典：https://flipboard.com/

⑤情報提示

入力項目のガイダンス

対応画面サイズ
画面サイズ大、画面サイズ中、画面サイズ小

アプリ種類
高機能、単機能、ウェブサイト

ユーザーレベル
ライトからヘビーまで

概要
入力フォーム内に手掛かりを記述しておくパターン。薄く表示しておき、アクティブになると表示が消え、入力可能になる。これによりスペースを節約しつつ入力内容を促せるが、入力可能なときに、手掛かりが消えてしまうのでフォームが多くユーザが混乱する可能性がある場合用いない方がよい。

amazon ショーケース
検索ボックスに「検索」を薄く表示している。
出典：https://itunes.apple.com/jp/app/amazon-shokesu/id412510378?mt=8

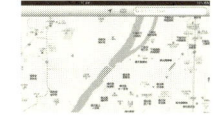

マップアプリ
検索または住所と表示し、住所も入力できることをユーザーに分かるように表示している。
出典：https://maps.google.co.jp/

現在位置の表示

対応画面サイズ
画面サイズ大、画面サイズ中、画面サイズ小

アプリ種類
高機能、単機能、ウェブサイト

ユーザーレベル
ライトからヘビーまで

概要
ユーザーがどの階層のどの位置にいるかなど、画面内において現在位置を表示するパターン。画面レイアウトにより表示の仕方が異なるが、画面サイズが小さい場合は画面上部に表示するのが一般的。ナビゲーション内で示す場合は背景色を変えたり、現在位置を強調してやることでも表現可能。

Keynote
現在編集中のページの背景色が少し青い。
出典：https://ssl.apple.com/jp/iwork/keynote/

iPhone の App Store タブバーとヘッダの両方で現在位置を表し、画面サイズの小ささを補っていると考えられる。

出典：http://www.apple.com/jp/

⑥操作機能

全行程の表示

対応画面サイズ
画面サイズ大、画面サイズ中、画面サイズ小

アプリ種類
高機能、単機能

ユーザーレベル
ライト＆ヘビー

概要
複数ステップから構成されるタスクは全体の手順と、ユーザーが現在行っている手順が分かるようにする。残りの手順が見えることでユーザーに安心感を与える。

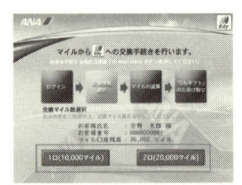

ANA の端末
ログインから受け取りまでのステップを画面上に示して現在地も分かる。

出典：ANA
http://www.ana.co.jp/amc/reference/tukau/edygift_card-convini.html

操作不可能な項目のグレー表示

対応画面サイズ
画面サイズ大、画面サイズ中、画面サイズ小

アプリ種類
高機能、単機能

ユーザーレベル
ライト＆ヘビー

概要
現在使用できない操作は薄いグレーで表示してディスエーブルであることを表す。なぜディスエーブルなのかをツールチップなどで表示できるとよりよい。

Tweetbot
ツイート内容を入力しないと、ツイートボタンがグレーアウトしており実行することができない。

出典：https://itunes.apple.com/jp/app/tweetbot-ge-xing-paitwitterkuraianto/id428851691?mt=

⑥操作機能

右下実行ボタン

対応画面サイズ
画面サイズ大、画面サイズ中、画面サイズ小

アプリ種類
高機能、単機能

ユーザーレベル
ライト＆ヘビー

概要
タスクを実行するためのボタンは原則右下に置く。主要な操作を表す場合は色を変えることも有用であるが、位置とともに一貫性を保つ必要がある。画面サイズが小さい場合は右下ではなく、画面幅いっぱいにボタンを表示してタップしやすくするのもよい。

セブン-イレブンのコピー用のキオスク端末右下にコピースタートのボタンと、投入金額を同時に表示し、確認しながら作業ができるようになっている。

出典：http://www.sej.co.jp/services/copy.html

アンドゥ機能

対応画面サイズ
画面サイズ大、画面サイズ中、画面サイズ小

アプリ種類
高機能、単機能

ユーザーレベル
ライト＆ヘビー

概要
ある操作を行った後に1つ前の状況に戻す機能。画面サイズが小さいと独自のジェスチャが必要になる。

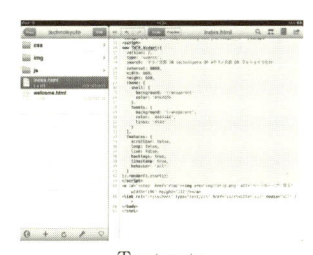

Textmate
アンドゥ機能を1つのボタンで表現している。

出典：http://macromates.com/

⑥操作機能

インクリメンタルサーチ

対応画面サイズ
画面サイズ大、画面サイズ中、画面サイズ小

アプリ種類
高機能、単機能、ウェブサイト

ユーザーレベル
ライト & ヘビー

概要
入力した文字に応じて予測で検索をしてくれる。検索機能の一部。リアルタイムでフィルタリングが行われるので検索モードになる必要がなく、ユーザーがコントロールを握ったまま検索を行うことができる。

リマインダー
インクリメンタルサーチを利用してタスクなどを抽出してくれる。

出典：http://www.apple.com/jp/

ショートカットジェスチャ

対応画面サイズ
画面サイズ小、画面サイズ中

アプリ種類
高機能、単機能

ユーザーレベル
ヘビー

概要
マイナーなジェスチャ（フリック、シェイクなど）にショートカットを割り当てる。マイナーなジェスチャはライトユーザーは気づかないため、そのジェスチャのみにアクションを割り当てないように注意する。

Reeder
記事上でフリックすると、お気に入りに入れるなどのショートカットを設定できる。このショートカットに気づかなくても各記事の画面でタップでお気に入りに入れることもできる。

出典：https://itunes.apple.com/jp/app/reeder/id325502379?mt=8

⑥操作機能

検索機能

対応画面サイズ
画面サイズ大、画面サイズ中、画面サイズ小

アプリ種類
高機能、単機能、ウェブサイト

ユーザーレベル
ライト & ヘビー

概要
必要な情報を検索するために、ユーザーのキーワードを受け付けるフォームを設置する。検索結果はモードレスに表示、検索結果画面を作成するか考慮する必要がある。

支出管理
多様な検索条件を設定し、オブジェクトを検索することができる。

出典：https://itunes.apple.com/jp/app/zhi-chu-guan-li/id339986225?mt=8

設定機能

対応画面サイズ
画面サイズ小、画面サイズ中

アプリ種類
高機能、単機能、ウェブサイト

ユーザーレベル
ライト & ヘビー

概要
アプリの設定を行う機能。

Instagram
設定を行うことができる。

出典：https://itunes.apple.com/jp/app/instagram/id389801252?mt=8

201

⑦可視化要素

項目の編集機能

対応画面サイズ
画面サイズ大、画面サイズ中、画面サイズ小

アプリ種類
高機能、単機能

ユーザーレベル
ライト & ヘビー

概要
項目を編集する機能。ソフトウェアキーボードは長く入力するのに不向きなので、本当に編集機能が必要かアプリの役割を考え実装するのがよい。テキスト入力以外に<u>ドラム風入力</u>などで編集することもできる。

連絡先
様々な情報を入力する必要がある。

出典：http://www.apple.com/jp/

途中キャンセル機能

対応画面サイズ
画面サイズ大、画面サイズ中、画面サイズ小

アプリ種類
高機能、単機能

ユーザーレベル
ライト & ヘビー

概要
長いローディングなどの処理をキャンセル、または中断できる機能。<u>待ち時間表示</u>と組み合わせて用いることが多い。

Dropbox
ローディングをファイル選択に戻ることでキャンセルできる。

出典：https://www.dropbox.com/

スクロール

対応画面サイズ
画面サイズ小、画面サイズ中

アプリ種類
高機能、単機能、ウェブサイト

ユーザーレベル
ライト & ヘビー

概要
ページが長くなるときに、現在位置を示すためにスクロールバーを付ける。大量の項目を持ったリストの場合、あいうえお…という表示を行い、ナビゲーションの役割を果たすこともできる。

iTunes
アーティスト名などを右にインデックス表示している。

出典：http://www.apple.com/jp/itunes/

行頭のチェックボックス

対応画面サイズ
画面サイズ大、画面サイズ中、画面サイズ小

アプリ種類
高機能、単機能

ユーザーレベル
ライト & ヘビー

概要
行頭のチェックボックスに入力することで選択できる機能。リストで表示しているものに対し、一括で行いたいアクションがある場合などに効果的。

Goodreader
多様なアクションを行頭のチェックボックスにチェックを入れたものに対して実行できる。

出典：https://itunes.apple.com/jp/app/goodreader-for-iphone/id306277111?mt=8

⑦可視化要素

操作の切り換えボタン

対応画面サイズ
画面サイズ大、画面サイズ中、画面サイズ小

アプリ種類
高機能、単機能

ユーザーレベル
ライト & ヘビー

概要
ユーザーの選択に応じて、コントロールを一部切り換える機能。ナビゲーションに用いるとタブバーに発展する。使用経験やユーザーレベルで切り換えることができる。

リマインダー
ヘッダーのリストと日付を切り換えることで入力対象を切り換えることができる。

出典：http://www.apple.com/jp/

連続的なフィルタリング機能

対応画面サイズ
画面サイズ大、画面サイズ中、画面サイズ小

アプリ種類
高機能

ユーザーレベル
ライト & ヘビー

概要
ある条件（年代、月、ジャンルなど）に沿って連続でフィルタリングを行う機能。ユーザーに求められている条件が設定されていると、キーワードを必要とせず、モードレスに検索ができるので有効である。

MUJI カレンダー
日、週、月、年のフィルタリング条件をヘッダーに置き、フリックで切り換えを行うことができる。

出典：http://www.muji.com/jp/app/

⑦可視化要素

スイッチ

対応画面サイズ
画面サイズ大、画面サイズ中、画面サイズ小

アプリ種類
高機能

ユーザーレベル
ライト＆ヘビー

概要
タップでオン/オフを切り換えができるスイッチ。初心者はタップのみを用いようとするので、できるだけ入力項目などをオン/オフで切り換えるように設計すると使いやすくなる。

iPhone
オン時に色を付け、現在どちらなのかを分かりやすくしている。

出典：http://www.apple.com/jp

スライダー

対応画面サイズ
画面サイズ大、画面サイズ中、画面サイズ小

アプリ種類
高機能

ユーザーレベル
ライト＆ヘビー

概要
微妙な加減が求められる入力に用いるパターン。スライドするつまみを模しており、メタファ選択の1つである。

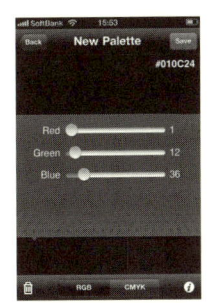

Color Stream
RGB/CMYK値の細かい調整にスライダーを用いている。

出典：http://webdesign.about.com/od/iphoneapps/gr/color-stream.htm

205

複数のボタンを含んだシート

対応画面サイズ
画面サイズ大、画面サイズ中、画面サイズ小

アプリ種類
高機能

ユーザーレベル
ライト＆ヘビー

概要
あるモードに移行するとき、選択肢を含んだシートを表示するパターン。画面内において複数の操作を行うときに用いる。画面サイズに応じて下から競り上げたり、ポップアップの全面表示の全面表示を用いたりする。

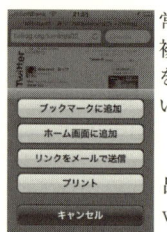

常時内容に対して複数のアクションを行える場合に用いる。

出典：http://www.apple.com/jp

画面サイズが大きいときは画面の一部にまとめて表示することもできる。

出典：http://www.apple.com/jp

ドラム風入力

対応画面サイズ
画面サイズ大、画面サイズ中、画面サイズ小

アプリ種類
高機能

ユーザーレベル
ライト＆ヘビー

概要
数字など連続的ものや、複数の選択肢などが存在する場合にそれらをドラム風に表示し、入力負担の減少やスペースの節約を行うパターン。時間や日付など、隠れていても全ての選択肢をイメージできるときに用いるのが好ましい。

Best Timer
分と秒で2つピッカーを用いている。

出典：https://itunes.apple.com/jp/app/taima-best-timer/id415656570?mt=8

⑦可視化要素

ドロップダウンリスト

対応画面サイズ
画面サイズ大、画面サイズ中、画面サイズ小

アプリ種類
高機能、単機能

ユーザーレベル
ライト & ヘビー

概要
メニューをタップor長押しするとメニューが拡張され、下の階層が表示されるリスト。スペースを節約することができるが、中の項目が分かるように、ドロップダウンである手掛かりを示す必要がある。

Tweetbot
タブに収まらない項目をドロップダウンを用いて表示できるように工夫している。

出典：https://itunes.apple.com/jp/app/
tweetbot-ge-xing-paitwitterkuraianto/
id428851691?mt=8

ページトップへのリンクボタン

対応画面サイズ
画面サイズ大、画面サイズ中、画面サイズ小

アプリ種類
ウェブサイト

ユーザーレベル
ライト & ヘビー

概要
フリックで長いページをスクロールして戻るには負担が掛かるため、ページのトップに戻ることのできるボタンを設置する。ちなみにiPhoneでは時計部分をタップするとページのトップに戻ることのできる機能が付いているが、知らないユーザーも多いため、ページ上部にナビゲーションを置いたサイトだとこのパターンを用いるとよい。

テクノ京都のウェブサイト
キャラクターを用いてこのパターンを用いている。

出典：http://technokyoto.com/

207

⑦可視化要素

メニューバー

対応画面サイズ
画面サイズ大、画面サイズ中、画面サイズ小

アプリ種類
高機能

ユーザーレベル
ライト & ヘビー

概要
コンテンツに対するツールボタンの並んだ領域。ヘッダーやフッターに並べて配置することが多い。画面サイズが小さい場合多くても3つにとどめるのがよい。

Instagram
ヘッダーと下部の2つのメニューバーを用いている。

出典：https://itunes.apple.com/jp/app/instagram/id389801252?mt=8

穴埋め式フォーム

対応画面サイズ
画面サイズ大、画面サイズ中、画面サイズ小

アプリ種類
高機能、単機能

ユーザーレベル
ライト & ヘビー

概要
穴埋め式にすることによりユーザーが何を入力すればいいか直感的に分かりやすくなるフォーム。項目が決まっている場合は各フォームをセレクトボックスにすることが望ましい。

乗換案内
乗車駅と到着駅、時刻を入力し、経路探索を押すと実際のページに移動する。

出典：http://www.jorudan.co.jp/iphone/norikae/f_index.html

⑦可視化要素

色の付いたアクションボタン

対応画面サイズ
画面サイズ大、画面サイズ中、画面サイズ小

アプリ種類
高機能

ユーザーレベル
ライト＆ヘビー

概要
アクションボタンに色を付けて何かを実行するボタンであることを示す。開始など、肯定的な意味を持つボタンには緑や青を用い、停止や削除など否定的な意味を持つボタンには赤を用いるのが一般的である。

時計のストップウォッチ
開始に緑色、停止に赤色を付け、そのボタンが実行を意味することを示している。開始など、肯定的な意味を持つボタンには緑や青を用い、停止や削除など、否定的な意味を持つボタンには赤を用いるのが一般的である。

出典：http://www.apple.com/jp

表示内容の伸縮

対応画面サイズ
画面サイズ大、画面サイズ中、画面サイズ小

アプリ種類
高機能、単機能、ウェブサイト

ユーザーレベル
ライト＆ヘビー

概要
表示可能領域を制限し、画面の節約と一覧性を高める。タップすると隠されていた部分が表示される。タップできるように表現することが重要。タップされないと情報が表示されないため、どの情報を隠すかは厳密に検討する必要がある。

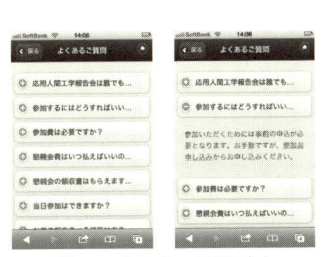

iPhone 上のウェブサイト
質問項目を一覧させ、興味のあるものだけ見れるように表示内容の伸縮を用いている。

出典：http://www.apple.com/jp

209

⑦可視化要素

タブ表示・タブバー

対応画面サイズ
画面サイズ大、画面サイズ中、画面サイズ小

アプリ種類
高機能、単機能

ユーザーレベル
ライト＆ヘビー

概要
カテゴリーに分けられた多くの情報を1画面で表示するときに利用するパターン。タッチパネルだと親指を意識してタブ部分を下に持ってくることが多い。画面サイズ小ではタップエリアの兼ね合いから、タブの数は5つまでにするのがよい。

google 翻訳
それぞれのタブで別の画面を採用している。
出典：http://translate.google.co.jp/

京急の券売機
各路線の選択をタブ表示で行っている。
出典：http://www.keihan.co.jp/

メタファ選択

対応デバイス
画面サイズ大、画面サイズ中、画面サイズ小

アプリ種類
高機能、単機能

ユーザーレベル
ライト＆ヘビー

概要
情報の入力や選択にメタファを用いるパターン。ユーザーの認識にあるメタファを用いることにより直感的に入力や選択を行うことができる。ユーザーのイメージと合わないメタファを選択するとかえってユーザーの混乱につながる可能性があるので、メタファの選定には注意すること。

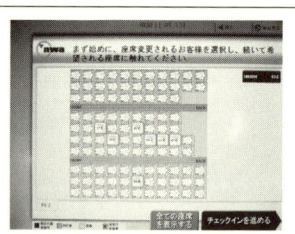

空港のセルフチェックイン用のキオスク端末。座席の入力を番号ではなく実際の座席を表示し入力させる。

ボイスメモ
マイクをメタファとして表示し、音声入力であることを分かりやすく伝えている。
出典：http://www.apple.com/jp

⑦可視化要素

ラベルの強調

対応デバイス
画面サイズ大、画面サイズ中、画面サイズ小

アプリ種類
高機能、単機能、ウェブサイト

ユーザーレベル
ライトからヘビーまで

概要
情報の集まりに分かりやすくラベルを付け、強調する。強調するためにはフォントを重くしたり、背景色を付けるなどといった方法がある。数字や画像による情報表現と組み合わせることでユーザーの視線や操作を誘導することができる。

Foursquare
ラベルをリボン型にして強調している。最も強調したいメイヤーは色を変えて表現している。

出典：https://itunes.apple.com/jp/app/foursquare/id306934924?mt=8

色による情報表現

対応画面サイズ
画面サイズ大、画面サイズ中、画面サイズ小

アプリ種類
高機能、単機能、ウェブサイト

ユーザーレベル
ライトからヘビーまで

概要
情報の種類、レイアウトの区切り、強調を表すために色を使って識別する。ボタンの色を変更することで実行の種類を表したりもできる。

東京メトロ
路線によって色を変えることで分かりやすくしている。画面はiPhoneアプリのメトロタッチ。

出典：https://itunes.apple.com/jp/app/dong-jingmetoroapuri/id439646577?mt=8

〔資料協力：密谷謙士朗〕

索　引 (五十音順)

〈あ行〉

アイコン ……………………… 116, 118, 128
アイコン作成の 4 原則 …………………… 128
アクション ……………………………… 8, 26
アクティビティ ………………………… v, 8, 26
アクティビティ中心デザイン …………… 20
安全性 …………………………………… 50
位置関係 ………………………………… 4
一貫性 ………………………… 10, 12, 151
インスペクション法 …………………… 148
インタラクション ……………………… 77
インターロック機能 …………………… 31
ウェブサイト …………………………… 18
運用的側面 ……………………………… 4

〈か行〉

下位コンセプト項目 …………… 110, 118
階層型構造 ……………………………… 136
階層構造 ………………………………… 151
拡張性 …………………………………… 50
可視化 …………………………………… 40
可視化の 3 原則 ………………………… 10
画面インタフェースデザインの 6 原則
　……………………………………… 12
画面構成 ………………………… 116, 118, 120
画面遷移 ………………………………… 117
画面遷移図 ……………………………… 138
環境的側面 ……………………………… 4
簡潔性 …………………………………… 10
観察 ……………………………………… 68

間接観察 ………………………………… 72
間接操作 ………………………………… 124
気配り …………………………………… 22
機能系統図 ……………………………… 53, 99
機能性 …………………………………… 50
機能定義 ………………………………… 99
機能用語 ………………………………… 99
休息時間 ………………………………… 6
強調 ……………………………………… 10
ゲシュタルトの法則 ……………… 2, 120
顕在的要求事項 ………………………… 66
検証（Verification）…………………… 148
構成要素間の関係付け ………………… 39
構成要素の特定 ………………………… 39
構造化デザインコンセプト … 40, 103, 118
効率性 …………………………………… 50
交流的観察 ……………………………… 71
コレスポンデンス分析 ………………… 61
コンテンツエリア ……………………… 122
コンテンツマトリックス ……………… 64

〈さ行〉

作業時間 ………………………………… 6
参与観察 ………………………………… 71
時間的側面 ……………………………… 4
シグニファイア ………………………… 79
システム計画 …………………………… 39
システムデザイン ……………………… 20
自然的観察 ……………………………… 71
実験的観察 ……………………………… 71

索　引

上位コンセプト項目	110
情報間の関係付け	151
情報集約型構造	136
情報提示	116, 118
情報デザイン	v
情報の共有化	7
情報の提示順序	9
情報の分類	8
情報の優先順位	8
身体的側面	4
信頼性	50
スクロールバー	132
ステークホルダー	66
図と地	2
頭脳的（情報的）側面	4
スピンコントロール	132
スマートフォン	16, 18
スライダー	132
生産性	50
制約条件	39
接触面（操作具とのフィット性）	4
潜在的要求事項	66, 75
操作機能	116, 118
操作時間	151, 156
操作の構造	118
操作の流れ	118
操作フロー	117, 134

〈た 行〉

態度	23
タイトルエリア	122
ダイレクトキーエリア	122
タスク	v, 26, 134
タスク構造	118, 136
タッチ操作	16, 18
妥当性確認（Validation）	148
楽しさ	50
タブレット端末	16, 18
チェックボックス	130
中位概念	91
中位コンセプト項目	110
直接観察	71
直接操作	124
直線（リニア）型構造	136
ディスプレイ以外の情報提示	122
手掛かり	12, 150
適切な対応	22
動作原理	12
トグルボタン	130
トップダウン方式	105
ドロップダウンリスト	130

〈な 行〉

ナビゲーション	156
入力ボックス	132
人間中心デザイン	20
人間と機械の役割分担	39

〈は 行〉

パフォーマンス評価	154
反応時間	6
汎用システムデザイン	vi, 38
非交流的観察	71
非参与観察	71
ヒューマンエラー	30
費用	50
評価	40
評価グリッド法	70, 91

索　引

フィードバック ……………… 12, 151
プロセス状況テーブル（ProST）
　　……………………… 68, 77, 84, 107
フローチャート …………… 118, 134
プロトコル解析 ………………… 154
プロトタイプ …………………… 140
文章完成法 ……………………… 160
並列（タブ）型構造 …………… 136
ペーパープロトタイプ ………… 142
ペルソナ手法 …………………… 101
放射状型構造 …………………… 136
方針の明確化 …………………… 6
ポジショニング ……………… 39, 58
ボタン …………………………… 132
ボトムアップ方式 ……………… 107

〈ま 行〉

マウス操作 ……………………… 16
マッピング ……………………… 12
見えるための条件 ……………… 2
見やすさ ………………………… 6
見るための4条件 ……………… 150
メニューエリア ………………… 122
メンタルモデル ……… 4, 14, 79, 101, 151
メンテナンス …………………… 50
目的 ……………………………… 38
目標 ……………………………… 38
モーダル ………………………… 28
モチベーション ………………… 7
モードレス ……………………… 28
問題定義 ………………………… 89

〈や 行〉

ユーザインタフェース ………… 26

ユーザインタフェースデザイン …… v
ユーザーテスト ………………… 148
ユーザとシステムの明確化 …… 40
ユーザの価値観 ………………… 75
ユーザビリティ ………………… 50
ユーザビリティタスク分析 …… 160
ユーザ要求事項の抽出 ………… 39
要求事項 ………………………… 66
用語 ……………………………… 12
用語と情報の冗長性 …………… 156

〈ら 行〉

ラジオボタン …………………… 130
ラダリング ……………………… 91
ラポール ………………………… 73
力学的側面（操作方向と操作力）…… 4
リキッドデザイン ……………… 16
リストボックス ………………… 130
リンク構造 ……………………… 136
レイアウト ……………………… 120
レスポンシブ・ウェブデザイン …… 16

〈わ 行〉

分かりやすい用語 ……………… 150
分かりやすさ …………………… 6

●数字／欧文●

3Dプリンタ ……………………… 144
3ポイントタスク分析 …… 68, 77, 107
5ポイントタスク分析 …… 68, 77, 82, 107
C/D比 …………………………… 124
Functional Model ……………… 14
GUIデザインチェックリスト …… 150
GUIパーツ ………… 94, 117, 118, 130

HMI（Human Machine Interface）
　の5側面 ·········· 4, 68, 73, 77, 82
PDCA ·· 36
Structural Model ······················ 14
SUM（Simple Usability evaluation
　Method）····································· 156

UX（User Experience）················ 24
UX（User Experience）デザイン ······· v
V&V 評価 ·· 148

― 著者略歴 ―

編著者

■山岡俊樹（やまおか　としき）

1971年：千葉大学工学部工業意匠学科卒、1971年：東京芝浦電気（株）入社 1991年：千葉大学自然科学研究科博士課程修了、1995年：（株）東芝、デザインセンター担当部長、（兼）情報・通信システム研究所、ヒューマンインタフェース技術研究センター研究主幹、1998年：和歌山大学システム工学部デザイン情報学科教授（学術博士）、現在に至る。デザイン、応用人間工学を中核として、サービス工学、観察工学、製品開発が専門。

共著者

■前川正実（まえかわ　まさみ）

1989年：千葉大学工学部工業意匠学科卒、（株）島津製作所にて製品デザインとGUIデザイン他を担当、2008年同社を退社し、（株）操作デザイン設計、代表取締役、2012年：和歌山大学で、要求事項とデザイン課題の特定に関する研究で博士号取得（博士（工学））、現在に至る。要求工学、情報デザインが専門。

■平田一郎（ひらた　いちろう）

1998年：神戸芸術工科大学卒、同年兵庫県立工業技術センター入所、主任研究員、2011年：和歌山大学でGUIの研究で博士号取得（博士（工学））、現在に至る。
情報デザイン、人間工学が専門。

■安井鯨太（やすい　けいた）

2009年：和歌山大学システム工学部デザイン情報学科入学、2012年：和歌山大学システム工学研究科入学、現在にいたる。情報デザイン、人間工学が専門。

デザイナー、エンジニアのための
UX・画面インタフェースデザイン入門　NDC007.61

2013年9月30日　初版1刷発行

（定価はカバーに表示してあります）

©	編著者	山岡　俊樹
	著　者	前川　正実、平田　一郎、安井　鯨太
	発行者	井水　治博
	発行所	日刊工業新聞社
		〒103-8548　東京都中央区日本橋小網町14-1
	電　話	書籍編集部　03（5644）7490
		販売・管理部　03（5644）7410
	ＦＡＸ	03（5644）7400
	振替口座	00190-2-186076
	ＵＲＬ	http://www.pub.nikkan.co.jp/
	e-mail	info@media.nikkan.co.jp
	製　作	㈱日刊工業出版プロダクション
	印刷・製本	新日本印刷㈱

落丁・乱丁本はお取り替えいたします。　　　2013 Printed in Japan
ISBN 978-4-526-07139-3

本書の無断複写は、著作権法上の例外を除き、禁じられています。